# Die Aufwertung

## von Hypotheken und anderen Ansprüchen

nach dem Aufwertungsgesetze
vom 16. Juli 1925.

## Ein Wegweiser

für Gläubiger, Schuldner,
Eigentümer
und die, die es gewesen sind.

Mit Mustern zu Anmeldungen und Anträgen und dem Texte des Aufwertungsgesetzes und des Gesetzes über die Ablösung der Markanleihen des Reichs, der Länder, der Gemeinden und Gemeindeverbände.

Von

**Peter Wenz,**
Justizamtmann.

**Zweite, erweiterte Auflage.**

Bonn 1925.
A. Marcus & E. Weber's Verlag.

# Vorwort.

Die Dritte Steuernotverordnung vom 14. Februar 1924 hatte über die Aufwertung von Ansprüchen, die die Zahlung einer bestimmten, in alter Reichswährung ausgedrückten Geldsumme zum Gegenstande haben, insoweit Vorschriften getroffen, als es sich um Vermögensanlagen handelt. Ausgeschlossen waren aber die öffentlichen Anleihen (Markanleihen des Reichs, der Länder, Gemeinden und Gemeindeverbände).

Die Aufwertung der in der Dritten Steuernotverordnung behandelten Ansprüche ist jetzt in dem Gesetz über die Aufwertung von Hypotheken und anderen Ansprüchen (Aufwertungsgesetz) vom 16. Juli 1925 (Reichsgesetzblatt Teil I Nr. 31 S. 117 f.) neu geregelt.

Die Ansprüche, deren Aufwertung in der Dritten Steuernotverordnung geregelt war und nunmehr im Aufwertungsgesetze neu geregelt wird, sind folgende:

1. Hypotheken, einschließlich der durch sie gesicherten persönlichen Forderungen (Zweiter Abschnitt, §§ 4 bis 30);
2. Grundschulden, Rentenschulden, Reallasten, Schiffs- und Bahnpfandrechte (Dritter Abschnitt, §§ 31 bis 32);
3. Industrieobligationen und verwandte Schuldverschreibungen (Vierter Abschnitt, §§ 33 bis 46);
4. Pfandbriefe und verwandte Schuldverschreibungen (Fünfter Abschnitt, §§ 47 bis 50);
5. Schuldverschreibungen von Genossenschaften des öffentlichen Rechts usw. als Unternehmer wirtschaftlicher Betriebe (Sechster Abschnitt, §§ 51 bis 54);
6. Sparkassenguthaben (Siebenter Abschnitt, §§ 55 bis 58);
7. Versicherungsansprüche (Achter Abschnitt, §§ 59 bis 61).

Die Aufwertung anderer Ansprüche, insbesondere von Darlehns-, Kaufgeldforderungen usw., die nicht durch Hypothek gesichert sind, richtet sich nach wie vor nach den allgemeinen Vorschriften. Das Aufwertungsgesetz trifft jedoch auch für diese Ansprüche einige Bestimmungen (§§ 63 bis 66).

Die Ablösung der Anleihen des Reichs, der Länder, der Gemeinden und Gemeindeverbände regelt das Gesetz über die Ablösung öffentlicher Anleihen vom 16. Juli 1925 (Reichsgesetzblatt Teil I Nr. 32 S. 137 f.).

Der Kernpunkt der Aufwertung liegt in der der Hypotheken. Ihr ist der Hauptteil dieser Schrift gewidmet, weil gerade sie die meisten Schwierigkeiten machen wird. Die Aufwertung von Schuldverschreibungen, Sparkassenguthaben, Versicherungsansprüchen u. dgl. konnte kürzer behandelt werden. Beigegeben sind 21 Muster zu Anmeldungen und Anträgen an die Aufwertungsstelle usw., ferner ein kurzer Ueberblick über die Ablösung von Markanleihen des Reichs, der Länder, der Gemeinden und Gemeindeverbände.

Das Büchlein will nicht über alle Fragen des überaus verwickelten Aufwertungsrechts Aufschluß geben; es will nur dem Laien das Verständnis des Gesetzes erleichtern und ihm damit in bescheidenem Maße in der Wahrung seiner Rechte beistehen.

Die freundliche Aufnahme, deren sich die erste Auflage erfreut hat, gab Veranlassung, in dieser Auflage hier und da Ergänzungen einzuschalten. Auch ist jetzt außer dem Aufwertungsgesetz auch das Anleiheablösungsgesetz im Wortlaut abgedruckt.

Köln, im Oktober 1925.

**Der Verfasser.**

# Inhaltsübersicht.

## Erster Teil.

### Aufwertung von Hypotheken.



## Zweiter Teil.

### Aufwertung von Grundschulden, Rentenschulden, Reallasten, von Schiffs- und Bahnpfandrechten.

Dritter Teil.

**Aufwertung anderer Ansprüche als Hypotheken, Grundschulden usw.**



Vierter Teil.

**Allgemeines.**



**Anhang.**

# Erster Teil.

# Aufwertung von Hypotheken.

## Vorbemerkung.

## Kapitel 1.

### Hypothek und persönliche Forderung.

1. Hypothek für eigene Schuld. Bei der Aufnahme eines größeren Darlehens bestellt der Darlehnsnehmer für den Darlehnsgeber in der Regel eine Hypothek an seinem Grundstücke. Durch das Darlehen wird der Darlehnsnehmer „Schuldner" des Darlehnsgebers; dieser hat gegen ihn eine „Forderung", er ist sein „Gläubiger". Die Hypothek dient zur größeren Sicherheit der Forderung. Wenn die Gewißheit bestände, daß der Schuldner bis zur Fälligkeit der Forderung und der etwa notwendig werdenden zwangsweisen Beitreibung Eigentümer des Grundstücks bliebe und dieses auch nicht weiter belastete, könnte es für den Gläubiger einerlei sein, ob eine Hypothek bestellt würde oder nicht. Denn er könnte auf Grund des für die Forderung erwirkten Urteils oder anderen vollstreckbaren Schuldtitels die Zwangsvollstreckung auch in das Grundstück betreiben, und er erhielt aus dem Erlöse Befriedigung unmittelbar nach den Hypotheken und anderen Rechten, die schon zur Zeit der Darlehnshingabe bestanden. Weil aber der Gläubiger alles dessen nicht sicher ist, läßt er sich ein Recht an dem Grundstück bestellen, kraft dessen er die Zwangsvollstreckung in das Grundstück auch dann betreiben kann, wenn inzwischen der Eigentümer gewechselt hat, und kraft dessen er aus dem Erlöse des Grundstücks vor allen anderen Rechten, mit denen es inzwischen weiter belastet wurde, befriedigt wird; dieses Recht ist die Hypothek. Die Hypothek sichert den Gläubiger davor, daß ihm der Zugriff an dem Grundstück durch Veräußerung unmöglich gemacht oder daß seine Befriedigung aus dem Erlöse durch Bestellung neuer Rechte vereitelt wird.

Der Gläubiger hat nun zweierlei Rechte: seine Forderung gegen seinen (persönlichen) Schuldner und eine Hypothek an dem Grundstücke. Diese beiden Rechte bestehen an sich nebeneinander: das eine richtet sich gegen den Schuldner, das andere gegen den — jeweiligen — Eigentümer des Grundstücks. Weil aber der Gläubiger das Geld nur einmal verlangen kann, ist die Hypothek, das dingliche Recht, mehr oder minder abhängig von dem Bestehen der Forderung; der Gläubiger kann Zahlung aus dem Grundstücke nur zur Befriedigung wegen der ihm zustehenden Forderung verlangen. Und wenn er aus dem Grundstücke befriedigt wird, erlischt in der Regel auch die Forderung, während allerdings im umgekehrten Falle, daß der Schuldner den Gläubiger befriedigt, die Hypothek in der Regel nicht erlischt, sondern kraft Gesetzes auf den Eigentümer übergeht, und zwar als Grundschuld.

2. Schuldübernahme bei Veräußerung des belasteten Grundstücks. Es ist gang und gäbe, daß beim Verkauf eines Grundstücks, insbesondere eines städtischen Hausgrundstücks, zwar ein fester Kaufpreis bestimmt wird, daß aber zwischen Verkäufer und Käufer vereinbart wird, daß dieser die eingetragenen Hypotheken, oder doch die erste Hypothek, in Anrechnung auf den Kaufpreis übernehme. Der Ausdruck ist nicht ganz richtig. Die Hypothek, das dingliche Recht, wird durch den Eigentumsübergang so wie so nicht berührt. Gemeint ist zweierlei: erstens, daß der Verkäufer von der sich aus dem Kaufe an sich ergebenden Verpflichtung, die Hypothek zu beseitigen (§ 439 Abs. 2 BGB.), entbunden wird, und

zweitens daß der Käufer die Schuld des Verkäufers in der Weise übernimmt, daß er als Schuldner an dessen Stelle treten soll; daß sich also die durch die Hypothek gesicherte Forderung des Gläubigers nunmehr gegen den Käufer als nunmehrigen persönlichen Schuldner richten soll. Nun kann aber der Schuldner nicht ohne Zustimmung des Gläubigers durch Vertrag mit einem Dritten diesen an seine Stelle setzen. Es liegt beim Gläubiger, ob er den Käufer an Stelle des Veräußerers als seinen Schuldner annehmen will oder nicht. Genehmigt er die Schuldübernahme, so wird diese wirksam; der Verkäufer wird frei, der Käufer wird persönlicher Schuldner. Gar oft aber bleibt die Genehmigung aus. Zwar muß der Gläubiger gerade bei dieser Schuldübernahme sich dann, wenn der Verkäufer sie ihm mitteilt, binnen 6 Monaten erklären, widrigenfalls die Schuldübernahme als genehmigt gilt (§ 416 BGB.). Aber diese Mitteilung wird von dem Veräußerer gar oft nicht gemacht. In der bloßen Annahme der Zinsen von dem neuen Eigentümer ist eine Genehmigung der Schuldübernahme nicht zu erblicken. Ist hiernach der Veräußerer persönlicher Schuldner geblieben, so ist der Erwerber zwar ihm gegenüber verpflichtet, den Gläubiger bei Fälligkeit zu befriedigen; aber er ist nicht Schuldner des Gläubigers geworden. Dieser kann nur kraft der Hypothek Zahlung „aus dem Grundstück" verlangen, d. h. nach Fälligkeit und Erwirkung eines Urteils oder anderen vollstreckbaren Titels im Wege der Zwangsvollstreckung (Zwangsversteigerung, Zwangsverwaltung) Befriedigung aus dem Grundstücke suchen, nicht auch aus dem sonstigen Vermögen des Erwerbers. Wenn im Gesetze von dem persönlichen Schuldner die Rede ist, ist in einem solchen Falle der ursprüngliche Schuldner (Veräußerer) noch als solcher anzusehen, nicht der Schuldübernehmer (Erwerber).

Eine Schuldübernahme der gedachten Art kommt auch bei der Zwangsversteigerung vor. Haftet bei einer Hypothek, die nach den Versteigerungsbedingungen bestehen bleibt, der Vollstreckungsschuldner (Subhastat) zugleich persönlich, so übernimmt der Ersteher die Schuld in Höhe der Hypothek. Aber auch hier ist die Wirksamkeit der Schuldübernahme von der Genehmigung des Gläubigers abhängig.

3. Hypothek für fremde Schuld. Der Fall, daß Eigentümer des mit der Hypothek belasteten Grundstücks und Schuldner der durch die Hypothek gesicherten Forderung verschieden sind, tritt nicht nur durch Veräußerung des Grundstücks ein; die Personenverschiedenheit kann auch von vornherein bestehen: Schu. nimmt ein Darlehen auf, sein Freund Eig. bestellt für die Darlehnsforderung, die der Gläubiger an Schu. hat, Hypothek an seinem Grundstücke.

Das Gesagte wird zum besseren Verständnis beitragen, wenn im folgenden einerseits von dem dinglichen Recht (der Hypothek) und manchmal im Gegensatz dazu von der persönlichen Forderung oder wenn von dem Eigentümer und im Gegensatz dazu von dem persönlichen Schuldner die Rede sein wird. Gelegentlich werden wir jedoch noch auf Einzelheiten zurückkommen.

# I. Aufwertung des dinglichen Rechtes.

## Kapitel 2.

### Aufwertungsbetrag (§§ 4, 5, § 2 Abs. 1, § 3 AufwG.).

1. Allgemeines. Der zweite Abschnitt des Aufwertungsgesetzes behandelt unter der Ueberschrift

„Aufwertung von Hypotheken"

zuerst unter I (§§ 4 bis 8) die Aufwertung des dinglichen Rechtes (also der Hypothek selbst) und unter II (§§ 9 bis 13) die Aufwertung der persönlichen Forderung. Grundsätzlich werden beide Rechte gleichmäßig aufgewertet. Die Hypothek kann nicht aufgewertet werden, wenn nicht die Forderung aufgewertet wird, und sie wird nicht höher aufgewertet als diese. Damit bleibt das Aufwertungsgesetz dem

Rechtsgrundsatz treu, daß die Hypothek eine persönliche Forderung, die ja durch sie gesichert werden soll, voraussetzt.[1])

Dagegen werden wir finden, daß unter gewissen Voraussetzungen die persönliche Forderung höher aufgewertet wird als die Hypothek, und zwar auch in dem Falle, daß Eigentümer und persönlicher Schuldner dieselbe Person ist; dann ist eben der Mehrbetrag, um den die Forderung über die Hypothek aufgewertet wird, nicht dinglich gesichert. Wir werden auch finden, daß unter Umständen trotz der Aufwertung der persönlichen Forderung die — gelöschte — Hypothek für den Aufwertungsbetrag nicht mehr eingetragen werden kann, so daß dieser gänzlich ungesichert bleibt.

2. Aufwertung des dinglichen Rechts (der Hypothek selbst). Der § 4 setzt den Aufwertungsbetrag für Hypotheken auf **25 vom Hundert des Goldmarkbetrages** fest, bestimmt jedoch dabei, daß die Hypothek nicht höher aufgewertet werde als die durch sie gesicherte Forderung. Jedoch wird diese grundsätzlich in gleicher Höhe aufgewertet (§ 9). Als Goldmarkbetrag gilt bei Hypotheken, die vor dem 1. Januar 1918 erworben sind, der Nennbetrag. Bis einschließlich 31. Dezember 1917 gilt also die Mark gleich Goldmark; ist die Hypothek später erworben, so wird der Goldmarkbetrag dadurch festgestellt, daß der Nennbetrag, im Falle des entgeltlichen Erwerbes der Erwerbspreis, nach Maßgabe des **Wertverhältnisses umgerechnet** wird, das in der Anlage zu dem Gesetz (siehe Schluß dieses Buches) für den Tag des Erwerbes bestimmt ist; ist ein Umrechnungsverhältnis für diesen Tag nicht bestimmt, so ist das letzte vorhergehende Umrechnungsverhältnis maßgebend. Diese Vorschriften gehen von dem „Erwerb" durch den Gläubiger aus. Ist eine Hypothek unmittelbar für den jetzigen Gläubiger bestellt worden, so hat er sie in der Regel mit der Eintragung erworben. Ausnahmen bestehen; es gilt aber nach § 5 Abs. 1 die Vermutung, daß er sie mit der Eintragung erworben hat. Ist die Hypothek nach der Eintragung abgetreten worden, so wird vermutet, daß der neue Gläubiger sie mit der Eintragung der Abtretung (mit der Eintragung für ihn) erworben habe; bei der Briefhypothek, die durch schriftliche Abtretungserklärung und Uebergabe des Briefes abgetreten wird, wird vermutet, daß der neue Gläubiger sie am Ausstellungstage der Abtretungserklärung erworben habe.[2])

---

[1]) Es kann allerdings der Fall vorkommen, daß die Hypothek in der Hand des Gläubigers besteht, obwohl die Forderung, die durch sie gesichert werden soll, nicht oder nicht mehr besteht. Bei der gewöhnlichen Hypothek (nicht auch bei der Sicherungshypothek) wird nämlich dann, wenn der Gläubiger die Hypothek im guten Glauben erworben hat, zugunsten des Gläubigers angenommen, daß die Forderung bestehe; besteht sie in Wirklichkeit nicht, so kann er trotzdem die Hypothek geltend machen, in gleicher Weise, als wenn die Forderung bestände. Aber er hat in Wirklichkeit keine Forderung, keinen Schuldner. Deshalb kann auch keine persönliche Forderung aufgewertet werden; das hindert aber nicht die Aufwertung des dinglichen Rechts, der Hypothek.

[2]) Ist die Forderung bei Bestellung der Hypothek bereits entstanden (das Darlehen gegeben), so erwirbt der Gläubiger die Buchhypothek mit deren Entstehung (Einigung darüber, daß die Hypothek entstehen soll, und Eintragung), die Briefhypothek erst mit der Uebergabe des Briefs; wenn aber vereinbart ist, daß der Gläubiger sich den Brief vom Grunbuchamt soll aushändigen lassen (§ 1117 Abs. 2 BGB.), gleichfalls mit der Einigung und Eintragung.

Ist die Forderung noch nicht entstanden (das Darlehen noch nicht gegeben), so steht die Hypothek trotz des Vorliegens der gedachten Voraussetzungen zunächst dem Eigentümer (als Grundschuld) zu. Der Gläubiger erwirbt sie erst mit der Entstehung der Forderung (Hingabe des Darlehns usw.).

Im Falle der Abtretung erwirbt der neue Gläubiger die Buchhypothek mit der Einigung und Eintragung, die Briefhypothek durch schriftliche Abtretungserklärung (oder Eintragung der Abtretung) und Uebergabe des Briefs oder, wenn vereinbart ist, daß der dem Grundbuchamte vorgelegte Brief dem neuen Gläubiger auszuhändigen sei, mit der Eintragung.

Für den neuen Gläubiger wird also als Grundlage der Aufwertung nicht der Goldmarkbetrag angesetzt, den die Hypothek bei ihrer Begründung hatte, sondern der Goldmarkbetrag, den der neue Gläubiger dafür gezahlt hat. In der Regel wird dieser Goldmarkbetrag geringer sein als der, den die Hypothek zur Zeit ihrer Begründung hatte. Dann hat der Schuldner (Eigentümer) den Vorteil, vgl. aber gleich unten: Aufwertung auch für den früheren Gläubiger. Es könnte aber auch einmal anders sein; dann nämlich, wenn der neue Gläubiger die Hypothek für den Nennbetrag der Markforderung in Mark erworben hat, und der Umrechnungssatz zur Zeit der Abtretung einen höheren Goldmarkbetrag ergibt (wenn die Mark inzwischen „gestiegen", der Dollar „gefallen" war). Ist am 21. März 1920 eine Hypothek von 10 000 Mark bestellt, so hatte sie einen Wert von 579 Goldmark; ist sie am 21. Mai 1920 abgetreten, so hatten die 10 000 Mark einen Wert von 1101 Goldmark. Hier schützt das Gesetz den Schuldner (Eigentümer), indem es bestimmt, daß in einem solchen Falle der Aufwertung für den neuen Gläubiger nicht dessen Erwerbspreis, sondern der geringere Goldmarkbetrag zur Zeit der Begründung des Rechts (Bestellung der Hypothek) zugrunde zu legen sei. Wenn übrigens oben gesagt ist, die Abstellung der Berechnung auf den Tag des Erwerbes biete manchem Eigentümer große Vorteile, so muß hier gleich darauf hingewiesen werden, daß unter Umständen die Hypothek außer für den jetzigen Gläuber auch für den früheren Gläubiger aufgewertet wird, dann nämlich, wenn er die Gegenleistung nach dem 14. Juni 1922 oder (früher) unter Vorbehalt der Rechte angenommen hat. Besondere Vorteile haben Eigentümer und Schuldner also in der Regel von der Abtretung nur, wenn der frühere Gläubiger sein Geld vor dem 15. Juni 1922 erhalten und sich bei der Annahme seine Rechte nicht vorbehalten hat.

3. Nicht jeder „Erwerb" ist für die Berechnung des Goldmarkbetrags maßgebend.

Der § 3 Abs. 1 AufwG. führt zehn Rechtsvorgänge auf, durch die ein Recht auf einen anderen übergeht, die aber für die Berechnung des Goldmarkbetrages außer Betracht bleiben, indem bestimmt ist, daß bei diesen Erwerbsarten nicht der Erwerb des jetzigen Gläubigers, sondern der seines Rechtsvorgängers maßgebend sei; so insbesondere bei Erwerb durch Erbschaft, Erbauseinandersetzung usw. der Erwerb durch den Erblasser.

Für A ist 1910 eine Hypothek von 10 000 Mark bestellt worden. A stirbt 1920; seine Erben teilen 1923; die Hypothek wird dem Miterben B zugeteilt. Der der Aufwertung für B zugrunde liegende Goldmarkbetrag ist 10 000 Goldmark.

Dafür wird aber in solchen Fällen die Hypothek auch nicht für den früheren Gläubiger aufgewertet (§ 17 AufwG.).

Ganz allgemein bleibt ein Erwerb, der seit dem Inkrafttreten der III. Steuernotverordnung, also nach dem 13. Februar 1924 stattgefunden hat, außer Betracht.

Hat A, für den 1910 eine Hypothek von 10 000 Mark bestellt ist, diese am 15. Februar 1924 oder später an B abgetreten, so ist der Goldmarkbetrag für B 10 000 Goldmark (so hoch wie er für A wäre).

Auch hier wird die Hypothek nicht für den früheren Gläubiger aufgewertet (§ 17 AufwG.); vgl. auch Kap. 33 Nr. 3.

---

Die im Texte angeführte Rechtsvermutung (§ 5 Abs. 1 AufwG.) trifft hiernach in vielen Fällen nicht das Richtige. Sie ist aufgestellt worden, um die Grundbuchgeschäfte zu erleichtern. Der Nachweis, daß der Erwerb durch den (ursprünglichen oder neuen) Gläubiger zu anderer Zeit erfolgt ist, ist damit nicht abgeschnitten.

Ist für die Berechnung des Goldmarkbetrags der persönlichen Forderung ein anderer Zeitpunkt als für die des Goldmarkbetrags der Hypothek maßgebend, und ergibt sich dadurch für die Hypothek ein höherer Aufwertungsbetrag als für die persönliche Forderung, so ermäßigt sich auch die Aufwertung der Hypothek, während im umgekehrten Falle die persönliche Forderung höher aufgewertet bleibt, aber, soweit ihr Aufwertungsbetrag den der Hypothek übersteigt, ungesichert ist.

Kapitel 3.

## **Rang der aufgewerteten Hypothek. Eintragung der Aufwertung** (§ 6 AufwG.).

1. Rang. Die aufgewertete Hypothek behält ihren bisherigen Rang. Dieser erste Satz des § 6 Abs. 1 AufwG. erfährt gleich im Nachsatz zwei Einschränkungen und eine dritte im Abs. 2. Die erste Enschränkung (Rangvorbehalt für den Eigentümer) berührt nur die zweite, dritte usw. aufgewertete Hypothek (vgl. Kap. 4), die zweite Einschränkung nur die gelöschte Hypothek (vgl. Kap. 14), die dritte (§ 6 Abs. 2) gilt für alle aufgewerteten Hypotheken, also auch für die erste, noch nicht gelöschte. Seit dem Inkrafttreten der Dritten Steuernotverordnung (14. Februar 1924) konnte jedermann damit rechnen, daß eine vorhergehende Hypothek nur auf 15 v. H. aufgewertet werde; dies änderte sich erst im Herbst 1924, als eine höhere Aufwertung in Sicht kam. Deshalb schützt das Gesetz (§ 6 Abs. 2) diejenigen, die in der Zeit vom 14. Februar bis zum 1. Oktober 1924 ein nachstehendes Recht erworben haben: die aufgewertete Hypothek geht diesem Rechte insoweit im Range nach, als sich jetzt ein höherer Aufwertungsbetrag ergibt; nur bleibt der (geringe) Unterschied im Umrechnungsverhältnisse unberücksichtigt. In der Regel werden also nur 15 v. H. dem nachstehenden, von einem anderen in jener Zeit erworbenen Rechte vorgehen.

Für die erste Hypothek, wenn sie noch eingetragen ist, ergibt sich hieraus, daß sie mit 15 v. H. ihres Goldmarkbetrags unter allen Umständen ersten Rang behält, daß sie aber mit den überschießenden 10 v. H. hinter die etwa in der Zeit vom 14. Februar 1924 bis 30. September 1924 einschließl. von einem anderen erworbenen Rechte zurücktritt. Ob dieser „Erwerb" durch Neubegründung eines Rechtes oder durch Abtretung usw. eines schon bestehenden Rechtes erfolgt ist, macht keinen Unterschied.

**Beispiel** I. Es war eingetragen vor 1918 für A eine Hypothek von 100 000 Mark, Aufwertung nach dem AufwG. 25 000 Goldmark. In der erwähnten Zeit (14. Februar 1924 bis 1. Oktober 1924) ist für B eine Hypothek von 10 000 Goldmark eingetragen worden.

Rangverhältnis: A mit 15 000 Goldmark, B 10 000 Goldmark, A 10 000 Goldmark. Der Vorrang des B vor 10 000 Goldmark des A bleibt auch erhalten, wenn B sein Recht nach dem 30. September 1924 an C abgetreten hat.

**Beispiel** II. Für A ist seit 1910 eine Hypothek von 100 000 Mark, für B seit 1. Oktober 1923 eine von 10 000 Goldmark eingetragen. Die Hypothek von B wurde am 15. Februar 1924 an C abgetreten.

Rangverhältnis: A 15 000, C 10 000, A 10 000 Goldmark. Wäre die Abtretung vor dem 14. Februar 1924 oder nach dem 30. September 1924 erfolgt, so hätte A Rang mit 25 000 Goldmark vor C.

Ist die Hypothek des A nicht mehr eingetragen, so ergibt sich aus § 20 für den Regelfall, daß sie zum vollen Betrage hinter B bzw. C einzutragen ist.

2. Eintragung der Aufwertung. Ist die aufgewertete Hypothek noch eingetragen, so vollzieht sich die Eintragung der Aufwertung auf einfache Weise. Die Eintragung ist „Berichtigung des Grundbuchs" im Sinne des § 894 BGB. Zur Eintragung bedarf es entweder der Bewilligung der Beteiligten (als solche gelten der Gläubiger, der Eigentümer und die nacheingetragenen Berechtigten) in öffentlicher oder öffentlich beglaubigter Form oder des Nachweises durch öffentliche Urkunden (§ 29 GBO.). Der Antrag bedarf der Beglaubigung nur, wenn durch ihn eine sonst erforderliche Bewilligung ersetzt werden soll (§ 30 GBO.). Da die Aufwertung selbst aus dem Gesetz hervorgeht, und da auch, solange keine Herabsetzung gemäß § 8 erfolgt ist, von der regelmäßigen Aufwertung (25 v. H.) auszugehen ist, müssen Erwerbstag und Erwerbspreis nachgewiesen werden. Dieser Nachweis bedarf aber nach § 11 VO. vom 21. Juli 1925 (RGBl. I 154) nicht der im § 29 GBO. vorgeschriebenen Form. Der Erwerbstag ist regelmäßig aus dem Grundbuch zu ersehen; wenn nicht ein anderer Erwerbstag nachgewiesen wird, wird der nach § 5 Abs. 1 „vermutete" zugrunde gelegt. Beglaubigte Bewilligungen oder Nachweise sind hiernach regelmäßig entbehrlich.

Ueber den Fall, daß die Hypothek gelöscht ist und für den Gläubiger wieder eingetragen werden soll, vgl. Kap. 14, über den Fall, daß sie auf einen anderen umgeschrieben und für den früheren Gläubiger wieder eingetragen werden soll, Kap. 15.

Ist auf Grund der III. StNotVO. eine geringere Aufwertung eingetragen, so ist die Eintragung auf Antrag zu berichtigen. Der Antrag bedarf keiner Form (§ 11 Abs. 3 VO. v. 21. Juli 1925, RGBl. I 154).

3. Kosten der Eintragung. Die vorstehend zuletzt erwähnte Berichtigung der früheren Eintragung ist nach § 11 Abs. 3 der erwähnten VO. schon nach Reichsrecht gebührenfrei. In Preußen sind nach § 7 Abs. 1 Nr. 7 Preuß. Gerichtskostengesetz in der Fassung der VO. vom 31. August 1925, Ges.-S. 111, ferner gebührenfrei:

a) die Eintragung des gesetzlichen Aufwertungsbetrags von Hypotheken, Grundschulden, Rentenschulden und Reallasten;
b) die Wiedereinrtagung gelöschter Hypotheken, Grundschulden, Rentenschulden und Reallasten in Höhe des gesetzlichen Aufwertungsbetrags;
c) die Eintragung der Befugnis des Eigentümers, an der vorbehaltenen Stelle eine Hypothek oder Grundschuld eintragen zu lassen, und die Eintragung des Verzichts auf diese Befugnis (§ 7 Abs. 3 und 5 des AufwG.);
d) die entsprechenden Eintragungen im Bahngrundbuch und im Schiffsregister.

Nach AVerf. vom 30. September 1925 (JMBl. 363) gilt dies auch für die Eintragung eines Widerspruchs aus § 16 Abs. 2 Satz 2 AufwG. Auch für die Wiederherstellung eines Hypothekenbriefs bei Wiedereintragung einer gelöschten Hypothek ist eine Gebühr nicht zu erheben. Bare Auslagen (auch Schreibgebühren) werden erhoben.

## Kapitel 4.

### Rangvorbehalt für den Eigentümer. Rangverschlechterung für die zweite, dritte Hypothek (§ 7 AufwG.).

1. Rangvorbehalt nach der an erster Stelle stehenden aufgewerteten Hypothek. Ist die Hypothek an erster Stelle eingetragen, so wird auch die Aufwertung für den Gläubiger an dieser Stelle eingetragen. Nicht so bei der zweiten, dritten Hypothek. Das Gesetz will es dem Eigentümer ermöglichen, sich mit Rang nach der ersten aufgewerteten Hypothek einigen Kredit zu verschaffen. Es gibt deshalb dem Eigentümer die Befugnis, im Range nach dem an erster Stelle eingetragenen aufgewerteten Recht (Hypothek, Grundschuld usw.) und vor den diesem nachgehenden Rechten eine Hypothek oder Grundschuld in Höhe von 25 v. H. des Goldmarkbetrages des aufgewerteten (an erster Stelle eingetragenen) Rechtes mit dem üblichen Zinssatz eintragen zu lassen. Das ist ein gesetzlicher Rangvorbehalt im Sinne des § 881 BGB.[1]) Er wirkt auch ohne Eintragung, ist aber bei der Eintragung der Aufwertung von Amts wegen, auf Antrag des Eigentümers auch früher in das Grundbuch einzutragen.

Die sich aus dem Rangvorbehalt ergebende Befugnis ist mit dem Eigentum an dem Grundstück verbunden; sie geht von selbst auf den Erwerber des Grundstücks über und kann weder auf einen anderen übertragen noch gepfändet werden.[2]) Nach dem BGB. (§ 881) ist der Rangvorbehalt eine bedingte Vorrangseinräumung für das

---

[1]) Dieser Rangvorbehalt wird in der Praxis der Gerichte, namentlich bei Zwangsversteigerungen, ungeahnte Schwierigkeiten machen. Vgl. Wenz-Wagner, Handbuch für die Zwangsversteigerung und die Zwangsverwaltung, 5. Auflage, S. 11 bis 16.

[2]) Gegenüber Rechten, die neu begründet werden, wirkt der Vorbehalt nicht, wenn ein solcher nicht auch bei den neuen Rechten eingetragen wird. Wird also z. B. eine Zwangshypothek eingetragen, so berührt der Vorbehalt den Gläubiger nicht; der Eigentümer kann zwar das vorbehaltene Recht noch eintragen lassen, aber dadurch tritt keine Rangverschiebung für die Zwangshypothek ein. Das neu eingetragene — vorbehaltene —, d. h. an der „freien Rangstelle" nachträglich eingetragene Recht erleidet den Nachteil (§ 881 Abs. 4 BGB.). Ist das Grundstück vor Eintragung des vorbehaltenen Rechtes beschlagnahmt, so ist das nachher eingetragene Recht dem betreibenden Gläubiger gegenüber unwirksam.

vorbehaltene Recht gegenüber dem mit dem Vorbehalt eingetragenen (belasteten) Rechte. Belastet sind hier die nacheingetragenen Rechte, da sie zurücktreten, wenn der Eigentümer von seiner Befugnis Gebrauch macht. Daraus ergibt sich, daß der Vorbehalt das erste aufgewertete Recht nicht berührt und daß er keinen Zweck hat, wenn hinter diesem Recht andere überhaupt nicht eingetragen sind; denn dann steht der ganze freie Raum dem Eigentümer von selbst zur Verfügung.

Unter 25 v. H. des Goldmarkbetrags des „aufgewerteten Rechtes" sind 25 v. H. des Goldmarkbetrages der Hypothek zu verstehen, auch wenn diese für den Gläubiger infolge Herabsetzung (Kap. 5) oder wegen geleisteter Abschlagszahlungen geringer aufgewertet wird. Z. B. Hypothek für A aus 1914 = 100 000 Mark. Auf Antrag des Eigentümers wird sie nur auf 20 000 Reichsmark aufgewertet. Trotzdem ist der Rangvorbehalt für ihn 25 000 Reichsmark.

2. Rangvorbehalt nach einem nachstehenden aufgewerteten Rechte. Liegt der Goldmarkbetrag eines aufgewerteten, im Range nächstehenden Rechtes (also etwa der zweiten Hypothek) innerhalb der für die Anlegung von Mündelgeld geltenden Sicherheitsgrenze [1]), so ist der Eigentümer befugt, auch im Range nach diesem (zweiten) Rechte und mit Rang vor den diesem im Range nachstehenden Rechten eine Hypothek oder Grundschuld in Höhe von 25 v. H. dieses aufgewerteten Rechtes eintragen zu lassen. Je nach der Höhe der Rechte und des Grundstückswertes wiederholt sich diese Befugnis auch bei den nacheingetragenen aufgewerteten Rechten (dritten, vierten Hypotheken usw.).

Beispiel:

Auf einem städtischen Grundstück in Preußen, Wehrbeitragswert 100 000 Mark, Grenze der Mündelsicherheit 50 000 Mark, sind eingetragen:

1. 20 000 Mark für A
2. 16 000 Mark für B
3. 30 000 Mark für C
4. 25 000 Mark für D

} vor 1918.

Die Hypotheken 1 und 2 (Goldmarkbetrag 20 000 + 16 000) liegen ganz innerhalb der Grenze der Mündelsicherheit. Alle Hypotheken werden aufgewertet, die des B jedoch auf Grund des § 8 AufwG. oder wegen geringerer Aufwertung der persönlichen Forderung auf Grund des § 10 nur auf 15 % = 2 400 GM. Der Rang ist folgender:

A 5000 GM. mit der Befugnis des Eigentümers, im Range hinter A, aber vor B, C und D 5000 GM. eintragen zu lassen,

B 2400 GM. mit der Befugnis des Eigentümers, im Range hinter B, aber vor C und D 4000 GM. eintragen zu lassen,

C 7500 GM.,

D 6250 GM.

Eine Befugnis des Eigentümers, hinter C mit dem Range vor D eine Hypothek usw. eintragen zu lassen, besteht nicht, da der Goldmarkbetrag der Hypothek des C nicht in voller Höhe innerhalb der Grenze der Mündelsicherheit liegt (Mündelsicherheit 50 000 Mark, Goldmarkbeträge des A 20 000, des B 16 000, des C 30 000 = 66 000 Mark).

Wird die erste Hypothek außer für den gegenwärtigen auch für den früheren Gläubiger aufgewertet, so gilt, wenn der Aufwertungsbetrag des früheren Gläubigers gemäß § 21 Abs. 2 AufwG. hinter alle anderen Rechte zurücktritt, der Aufwertungsbetrag des gegenwärtigen Gläubigers als das „an erster Stelle eingetragene aufgewertete Recht". Da der Aufwertungsbetrag des gegenwärtigen Gläubigers in der Regel viel geringer ist, als er für den früheren Gläubiger sein würde, wenn keine Ab-

[1]) Diese Sicherheitsgrenze ist in Preußen bei städtischen Grundstücken die Hälfte, bei ländlichen Grundstücken zwei Drittel des Wertes (Art. 73 § 1 AGBGB.). Als Grundstückswert ist nach § 7 Abs. 2 des AufwGes. der berichtigte Wehrbeitragswert (Art. II § 3 Ziffer 1 der II. Steuernotverordnung vom 19. Dezember 1923, RGBl. I S.1205) oder, wenn ein solcher nicht festgestellt ist, ein von der Aufwertungsstelle zu ermittelnder Wehrbeitragswert zugrunde zu legen.

tretung erfolgt wäre, verändert sich auch der Rangvorbehalt nach der ersten Stelle. Anderseits kann infolgedessen ein Rangvorbehalt auch nach der zweiten oder dritten Stelle eintreten, der sonst nicht eingetreten wäre.

3. Ausnahmen. Zugunsten öffentlich-rechtlicher oder unter Staatsaufsicht stehender Unternehmen, die nach Gesetz oder Satzung bestimmte Beleihungsgrenzen einzuhalten haben (z. B. Sparkassen, Hypothekenbanken, Versicherungsvereine), wird dann eine Ausnahme gemacht, wenn für sie in unmittelbarem Zusammenhange mit dem an erster Stelle eingetragenen aufgewerteten Rechte andere aufgewertete Rechte eingetragen sind (z. B. an erster Stelle eine Hypothek von 50 000 Mark und, ihr folgend, also an zweiter Stelle, eine Hypothek (sog. Zusatzhypothek) von 10 000 Mark): sie gelten dann zusammen als ein einheitliches an erster Stelle eingetragenes Recht, so daß sich ein Rangvorbehalt für den Eigentümer nicht zwischen sie legen kann.

4. Einrückung anderer Rechte in die vorbehaltene Stelle. Sind inzwischen wertbeständige Rechte (Hypotheken usw. in Goldmark, Reichsmark, Roggenhypotheken usw.) eingetragen, so nehmen diese die dem Eigentümer vorbehaltene Rangstelle ein. Die Eintragung erfolgt auf Antrag des Eigentümers oder des Gläubigers.

Wäre in obigem Beispiel die Hypothek des D eine Feingoldhypothek, so würde sie in Höhe von 5000 Goldmark zwischen A und B einrücken. Wäre aber die Feingoldhypothek des D erst nach dem Inkrafttreten des AufwG. eingetragen, ohne daß ihr als der „vorbehaltenen" vom Eigentümer die ihm vorbehaltene Rangstelle eingeräumt wird (insbesondere also, wenn für D eine Zwangshypothek eingetragen wird), so hat sie Rang nach 5000 Goldmark des A, 2400 Goldmark des B und 7500 Goldmark des C; sie rückt nicht in die freien Rangstellen ein, anderseits können ihr diese nicht schaden.

5. Verzicht auf den Vorbehalt. Der Eigentümer kann auf den Rangvorbehalt verzichten; der Verzicht bedarf zu seiner Wirksamkeit der Eintragung in das Grundbuch. Die Verzichterklärung muß öffentlich beglaubigt sein (in der Regel von einem Amtsgericht oder Notar). Sind wertbeständige Rechte eingetragen, so ist die Zustimmung der Gläubiger erforderlich. Soweit ein Verzicht erfolgt ist, nehmen diese Rechte die vorbehaltene Rangstelle nicht ein.

## Kapitel 5.

### Herabsetzung der Aufwertung auf Antrag des Eigentümers (§ 8 AufwG.).

1. Erscheint mit Rücksicht auf die wirtschaftliche Lage des Eigentümers zur Abwendung einer groben Unbilligkeit eine Herabsetzung der Aufwertung unabweisbar, so kann der Eigentümer diese Herabsetzung bei der Aufwertungsstelle beantragen, jedoch kann die Herabsetzung höchstens um 10 v. H. des Goldmarkbetrags erfolgen. Der Antrag muß **vor dem 1. April 1926** gestellt sein. Ist schon vor dem Inkrafttreten des AufwGes. ein Antrag auf Herabsetzung gemäß der III. StNotV. gestellt, so gilt die Frist als gewahrt (§ 10 VO. v. 21. Juli 1925, RGBl. I 155). Auch wenn auf Grund der dritten StNotV. schon eine Herabsetzung des damaligen Aufwertungsbetrags (von 15 v. H. etwa auf 10 v. H.) erfolgt ist, muß doch von neuem die Herabsetzung beantragt werden.

2. Bis zur Entscheidung, insbesondere bis zu deren Rechtskraft vergeht Zeit. In der Zwischenzeit könnte der Gläubiger über die — an sich gesetzlich auf 25 v. H. des Goldmarkbetrages aufgewertete — Hypothek verfügen, sie an einen anderen abtreten usw. Wenn dieser dabei im guten Glauben wäre, würde er die Hypothek trotz des Herabsetzungsantrags in voller Höhe (25 v. H. des Goldmarkbetrags) erwerben; die spätere Herabsetzung könnte der Eigentümer gegenüber dem Erwerber der Hypothek nicht geltend machen. Deshalb tut der Eigentümer gut, sofort einen Widerspruch in das Grundbuch eintragen zu lassen. Dazu bedarf es nur seines — unbeglaubigten — Antrags, den er sofort bei Stellung des Herabsetzungsantrags (nicht vorher) beim Grundbuchamt stellen kann. Wo, wie in Preußen, Aufwertungsstelle und Grundbuchamt dieselben Behörden sind (Amtsgericht), können die Anträge miteinander verbunden werden; zweckmäßig für die geschäftliche Behandlung ist dies allerdings nicht.

Das Aufwertungsgesetz ist mit Wirkung vom 15. Juli 1925 in Kraft getreten; die gesetzliche Aufwertung auf 25 v. H. ist rechtswirksam. Der Gläubiger kann schon jetzt über die — aufgewertete — Hypothek verfügen, mag die Aufwertung eingetragen sein oder nicht; übrigens ist sie ja auch auf einseitigen Antrag des Gläubigers einzutragen. **Wer also glaubt, eine Herabsetzung verlangen zu können,** und sich vor Schaden bewahren will, **stelle den Antrag** auf Herabsetzung der Aufwertung und Eintragung eines Widerspruchs **ungesäumt.** Die Eintragung des Widerspruchs setzt die Eintragung der Aufwertung nicht voraus.

3. Herabsetzung der Aufwertung auf Antrag des persönlichen Schuldners. Nach § 10 ist eine höhere oder geringere Aufwertung der durch Hypothek gesicherten persönlichen Forderung nur bei gewissen Arten von Forderungen zulässig. § 10 erwähnt aber auch den § 8. Infolgedessen kann auch der persönliche Schuldner auf Grund des auch für ihn anwendbaren § 8 die Herabsetzung der Aufwertung der Forderung beantragen, wenn seine wirtschaftliche Lage dies erfordert. Wird die Aufwertung der persönlichen Forderung herabgesetzt, so hat dies nach § 9 die Herabsetzung auch der Aufwertung der Hypothek ohne weiteres zur Folge. — Kann aber der persönliche Schuldner für den Fall, daß er den Gläubiger befriedigt, von dem Eigentümer Ersatz verlangen (z. B. in dem in Kapitel 1 erwähnten Falle der nicht genehmigten Schuldübernahme), so wird ihm in der Regel die Herabsetzung zu verweigern sein, wenn diese nicht zugleich in der wirtschaftlichen Lage des Eigentümers begründet ist.

## II. Aufwertung der persönlichen Forderung.

### Kapitel 6.

### Normaler Höchstsatz (§ 9 AufwG.).

1. Normaler Höchstbetrag. Es handelt sich hier um durch Hypotheken gesicherte Forderungen; dies aber auch dann, wenn der Eigentümer des belasteten Grundstücks und der Schuldner der persönlichen Forderung verschiedene Personen sind (vgl. darüber Kap. 1). Ueber die Aufwertung anderer — sog. gewöhnlicher Forderungen — siehe Kap. 27. Die durch die Hypothek gesicherte persönliche Forderung wird nach Maßgabe der für das dingliche Recht (die Hypothek selbst) geltenden, oben besprochenen Vorschriften aufgewertet (Normaler Höchstsatz). Dieser beträgt danach regelmäßig 25 v. H. des Goldmarkbetrags der Forderung. Wird jedoch die Aufwertung der Hypothek auf Antrag des Eigentümers herabgesetzt (Kap. 4), so übt dies, wenn dieser zugleich persönlicher Schuldner ist, auch seine Wirkung auf die persönliche Forderung. Der normale Höchstsatz ihrer Aufwertung ist dann der herabgesetzte Aufwertungsbetrag der Hypothek, wohingegen die bloße Herabsetzung der Aufwertung der Hypothek dann, wenn der persönliche Schuldner vom Eigentümer verschieden ist, die geringere Aufwertung der persönlichen Forderung nicht ohne weiteres nach sich zieht. Will der von dem Eigentümer verschiedene persönliche Schuldner auf Grund des im § 9 mitangezogenen § 8 die Herabsetzung der Aufwertung der persönlichen Forderung erlangen, so muß er den Antrag aus § 8 stellen, auch wenn der Eigentümer ihn schon gestellt hat. Er muß dann seine wirtschaftliche Lage schildern. Die Aufwertung der persönlichen Forderung wirkt ohne weiteres gegen den etwaigen Bürgen.

### Kapitel 7.

### Abweichung von dem normalen Höchstsatz (§ 10 AufwG.).

1. Allgemeines. Eine höhere oder geringere Aufwertung der durch Hypothek gesicherten persönlichen Forderung nach allgemeinen Vorschriften [1]) unter

---

[1]) Als allgemeine Vorschriften, nach denen eine Abweichung erfolgen kann, gilt vor allem der im Kap. 27 erwähnte § 242 BGB. (Treu und Glauben); dann aber auch die §§ 63 bis 66 AufwGes., vgl. darüber Kap. 27.

Abweichung von dem normalen Höchstsatz (Kap. 6) ist unbeschadet der Herabsetzung gemäß § 8 (oben Kap. 4) nur bei einigen besonderen Forderungsarten zulässig; erfolgt Herabsetzung, so gilt diese auch für das dingliche Recht, während die Hinaufsetzung auf die Aufwertung der Hypothek keinen Einfluß hat. Der Mehrbetrag ist dann eben ungesichert. Es handelt sich durchweg um solche Forderungen, die keine Vermögensanlagen bilden; aber auch die, die eine solche nicht darstellen, sind, wenn durch Hypothek gesichert, nicht alle höher oder niedriger aufwertbar, weil immerhin die Tatsache, daß für sie eine Hypothek bestellt ist, eine gewisse Vermutung in sich trägt, daß an eine Vermögensanlage gedacht sei. Die Hinauf- oder Herabsetzung des normalen Höchstbetrags ist für zulässig erklärt (§ 10 Abs. 1):

1. wenn die Forderung auf einem Gesellschaftsvertrag oder einem anderen Beteiligungsverhältnisse beruht (Beteiligung an einem Geschäft, wenn auch als stiller Teilhaber usw.) oder
2. wenn die Forderung auf einem Gutsüberlassungsvertrag oder auf Beziehungen aus der Auseinandersetzung unter Miterben, unter Ehegatten, unter Eltern und Kindern (auch Kindeskindern) oder zwischen Erben und Pflichtteilsberechtigten oder Vermächtnisnehmern beruht; für Forderungen aus Gutsüberlassungen ist in § 10 Abs. 2 eine Höchstgrenze festgesetzt (vgl. Nr. 2 unten);
3. wenn die Forderung auf den Beziehungen zwischen unterhaltsberechtigten und unterhaltsverpflichteten Personen (Eltern, Kindern, Ehegatten) beruht; hier braucht die Forderung nicht aus einem Gutsüberlassungsvertrag oder aus einer Auseinandersetzung herzurühren; in Betracht kommen z. B. auch Geschäftsübertragungen seitens der Eltern an die Kinder u. dgl.;
4. wenn es sich um eine Forderung auf wiederkehrende Leistungen handelt, die bei Abfindungen, Auseinandersetzungen, Ueberlassungen oder ähnlichen Rechtsvorgängen begründet sind; hier ist ein engeres Verwandtschaftsverhältnis wie bei 2 und 3 nicht vorausgesetzt. Uebrigens wird eine Hypothek für Forderungen auf wiederkehrende Leistungen kaum möglich sein, da diese die Zahlung einer bestimmten Geldsumme zum Gegenstande hat. Die Vorschrift ist hier wohl nur gegeben, um sie später bei den Vorschriften über Reallasten (vgl. Kap. 19) nicht einschalten zu müssen. Denn wenn auch eine Sicherungshypothek (zum Höchstbetrage) für die Forderung auf wiederkehrende Leistungen bestellt wäre, so wäre die Hinauf- oder Herabsetzung des normalen Höchstbetrags schon auf Grund der Nr. 6 des § 10 (vgl. unter 6 nachstehend) zulässig;
5. wenn es sich um eine Kaufgeldforderung (Kaufgeld für den Erwerb des mit der Hypothek belasteten Grundstücks) handelt, die nach dem 31. Dezember 1908 begründet worden ist; dies gilt auch dann, wenn die Kaufgeldforderung bei ihrer Begründung in eine Darlehnsforderung umgewandelt worden ist. Für durch Hypothek gesicherte Kaufgeldforderungen ist aber im § 10 Abs. 2 (unten Nr. 2) eine Höchstgrenze festgesetzt: 75 v. H. bzw. 100 v. H. für vor dem 1. Januar 1912 bezw. vor dem 1. Januar 1922 begründete Forderungen.

   Die Beschränkung auf die nach dem 31. Dezember 1908 begründeten Kaufgeldforderungen hat darin ihren Grund, daß man annimmt, die vor diesem Tage begründeten Kaufgeldforderungen seien infolge des längeren Stehenlassens zu Vermögensanlagen geworden; ist eine Kaufgeldforderung nicht durch Hypothek gesichert, so richtet sich ihre Aufwertung auch dann nach den allgemeinen Vorschriften, wenn sie vor dem 1. Januar 1909 begründet ist (vgl. § 62 Abs. 3, unten Kap. 27); über die Aufwertung nicht durch Hypothek gesicherter Forderungen entscheidet aber nicht die Aufwertungsstelle, die Frage wird vielmehr im Prozeßwege entschieden; auch besteht für sie nicht die Begrenzung auf 75 v. H. bzw. 100 v. H.;
6. bei Forderungen anderer (d. h. auch anderer) als der unter 1 bis 5 bezeichneten Art, wenn die Hypothek eine **Sicherungshypothek** ist, mit Ausnahme von Darlehnsforderungen. Diese Vorschrift beruht auf dem Gedanken, daß

man im allgemeinen Geld, das zur dauernden Vermögensanlage benutzt wird, nicht auf Sicherungshypothek stehen läßt; es können hiernach Forderungen aller Art, die durch Sicherungshypothek gesichert sind, über oder unter dem normalen **Höchstsatz** aufgewertet werden[1]). Nur für **Darlehnsforderungen**, die allerdings selten durch Sicherungshypothek gesichert werden, gilt das Verbot. In Betracht kommen insbesondere auch die im Wege der Zwangsvollstreckung eingetragenen Sicherungshypotheken (§§ 866 bis 868 der Zivilprozeßordnung) sowie die nach einer Zwangsversteigerung für die Forderung gegen den Ersteher eingetragenen Sicherungshypotheken (§ 128 des Gesetzes über die Zwangsversteigerung und die Zwangsverwaltung), bei denen ja auch von einer vom Gläubiger beabsichtigten Vermögensanlage nicht die Rede sein kann. Hier werden die in Nr. 5 sowie im Absatz 3 gegebenen Vorschriften „entsprechend" anzuwenden sein. Vgl. auch Kammergericht 20. Mai 1922 in der Juristischen Wochenschrift 1925 S. 1788.

Unter Nr. 6 fallen übrigens Kaufgeldforderungen nur, wenn sie nach dem 31. Dezember 1908 begründet sind; und es gelten für diese die Beschränkungen des Abs. 3 (75 v. H. bzw. 100 v. H.) auch dann, wenn sie durch Sicherungshypothek gesichert sind.

2. Begrenzung der Heraufsetzung. Darüber, ob eine höhere oder eine niedrigere Aufwertung nach allgemeinen Vorschriften zu erfolgen hat, entscheidet bei den durch Hypothek gesicherten Forderungen die **Aufwertungsstelle** (Kap. 24); sie hat dabei die Verhältnisse des Gläubigers und des Schuldners, die Höhe des Kaufpreises usw. und den Wert des belasteten Grundstücks an Hand der vorgebrachten Tatsachen und der erhobenen Beweise zu berücksichtigen. Bis zu welchem Hundertsatze des Goldmarkbetrages herab oder herunter sie gehen darf, ist im allgemeinen nicht bestimmt. Nur für die Forderungen aus Gutsüberlassungsverträgen und **Kaufgeldforderungen** schreibt das Gesetz **Höchstgrenzen** vor: sind sie vor dem 1. Januar 1912 begründet, so ist der Höchstsatz 75 v. H., sind sie vor dem 1. Januar 1922 begründet, so ist er 100 v. H. des Goldmarkbetrages der Forderung; für später begründete Forderungen ist auch hier keine Grenze gesetzt; die Zulassung ihrer Aufwertung über 100 v. H. ihres Goldmarkbetrags hat darin ihren Grund, daß in der Zeit der vorgeschrittenen Geldentwertung die Kaufpreise für Grundstücke außerordentlich niedrig waren. — Auszugehen ist von dem in Papiermark vereinbarten Kaufpreis und dessen Kaufwerte zur Zeit des Vertragsabschlusses. Dieser Kaufwert war in jener Zeit viel höher als der Goldmarkbetrag, der sich nach dem Dollarstande oder der Meßzahl des Aufwertungsgesetzes ergeben würde. Aus

[1]) Eine wichtige Ausnahme machen die §§ 65, 66 AufwG. Nach ihnen werden Ansprüche aus einem Kontokorrent oder einer anderen laufenden Rechnung oder aus Bankguthaben, auch wenn sie durch Hypothek gesichert sind, regelmäßig überhaupt nicht aufgewertet. Gerade für solche werden aber in der Regel Sicherungshypotheken (sog. Höchstbetragshypotheken) bestellt. Die Höchstbetragshypothek nimmt jedoch insofern eine Sonderstellung ein, als bei ihr die Feststellung der Forderung, für die das Grundstück haften soll, vorbehalten bleibt (§ 1190 BGB.). Sie ist von vornherein eine bedingte Eigentümergrundschuld. Erst bei Feststellung der Forderung, die in der Regel erst bei Beendigung des Rechtsverhältnisses erfolgt, entscheidet es sich, ob und inwieweit die Hypothek dem Gläubiger (für seine festgestellte Forderung) und ob und inwieweit sie dem Eigentümer (in Höhe des Restbetrags) als Grundschuld zusteht. Dementsprechend findet auch die Aufwertung für den Gläubiger bzw. den Eigentümer statt. — Ist die Forderung in voller Höhe der Höchstbetragshypothek in Papiermark festgestellt, so findet eine Aufwertung der Hypothek nur statt, wenn die Forderung aufwertungsfähig ist, und auch dann nur in Höhe deren Aufwertung. Nur soweit der Nennbetrag der Forderung hinter dem der Höchstbetragshypothek zurückbleibt, wird diese als Eigentümergrundschuld unter Zugrundelegung ihres Goldmarkbetrags zur Zeit der Begründung der Hypothek aufgewertet.

demselben Grunde sind auch die Reichsindexzahlen für Lebenshaltung nicht als Maßstab anzunehmen. Zu berücksichtigen ist der heutige Wert des Grundstücks oder, wenn dieses inzwischen besondere Veränderungen erlitten hat, der Wert von Grundstücken gleicher Art. Allein ausschlaggebend ist allerdings dieser Wert nicht. Einmal können die Vertragschließenden einen auch für damalige Verhältnisse geringen Kaufpreis vereinbart haben; den Kaufpreis um den Unterschied zwischen diesem und dem damaligen gemeinen Werte zu ungunsten des Käufers zu erhöhen, ist die „Aufwertung" nicht gegeben. Dann aber muß in Betracht gezogen werden, daß auch der Verkäufer bei sofortiger Barzahlung regelmäßig nicht imstande gewesen wäre, das erhaltene Geld vor Entwertung zu schützen. Im allgemeinen wird aber der Aufwertungsbetrag dadurch gefunden, daß der vereinbarte Kaufpreis, wenn er dem damaligen Grundstückswert entsprach, mit dem heutigen Werte des verkauften bzw. von Grundstücken gleicher Art verglichen wird. Handelt es sich um einen Restkaufpreis, der aufzuwerten ist, so wird er selbstverständlich nur im Verhältnisse zwischen Kaufpreis und Restkaufpreis aufgewertet; denn der gleich gezahlte Teil des Kaufpreises ist mit eben dem vertragsmäßig vereinbarten Gelde gezahlt.

3. Unzulässigkeit der Herauf- oder Herabsetzung (§ 11). Eine Abweichung von dem normalen Höchstsatze (Hinauf- oder Herabsetzung dieses) ist jedoch bei den unter 1 bis 5 (§ 10 Nr. 1 bis 5 AufwG.) genannten Forderungen unzulässig, wenn die Forderung vor dem 15. Februar 1924 von dem ursprünglichen Gläubiger an einen anderen übergegangen ist, es sei denn, daß es sich um einen Rechtsübergang der in § 3 Abs. 1 Ziffer 2 bis 11 bezeichneten Art handelt (Erbschaft, Erbteilung, Schenkung usw.), bei denen ja auch bei der Berechnung des Goldmarkbetrages der Hypothek der (frühere) Erwerb durch den Erblasser, Schenker usw. maßgebend ist, vgl. Kap. 2 Nr. 3. Hat z. B. der Verkäufer seine Kaufgeldforderung aus 1909 oder später vor dem 14. Februar 1924 an einen anderen abgetreten, ohne daß Schenkung, Ausstattung u. dgl. zugrunde liegt, so ist eine niedrigere oder höhere Aufwertung unzulässig; es verbleibt bei dem normalen Höchstsatze, unbeschadet der Herabsetzung des Aufwertungsbetrages auf Grund des § 8 (Kap. 4). Für nicht durch Hypothek gesicherte Kaufgeldforderungen ist eine dem § 11 entsprechende Beschränkung im § 63 nicht vorgesehen; § 11 gilt auch nicht für durch Sicherungshypothek gesicherte Forderungen, da er nur die im § 10 unter Ziffer 1 bis 5 aufgeführten Forderungen nennt.

4. Antrag und Frist. Der Antrag auf Abweichung von dem normalen Höchstsatz muß **vor dem 1. April 1926** bei der Aufwertungsstelle gestellt werden. Selbstverständlich ist das Verlangen zu begründen, es müssen die Tatsachen und Verhältnisse angeführt werden, die die Abweichung rechtfertigen; am besten werden auch gleich die Beweismittel angegeben.

Darüber, ob ein Anspruch besteht, entscheidet die Aufwertungsstelle nicht, vgl. Kap. 30. Wohl hat sie in den Fällen des § 10 (oben Ziffer 1—6) außer der Festsetzung der Höhe der Aufwertung auch darüber zu befinden, ob der Anspruch unter § 10 fällt.

## III. Aufwertung trotz Bewirkung der Leistung.

### Kapitel 8.

### Aufwertung auf Grund Vorbehalts der Rechte (§ 14 AufwG.).

1. Allgemeines. In der langen Zeit der allmählich, mitunter auch sprunghaft fortschreitenden Geldentwertung haben wohl die meisten Eigentümer nach Möglichkeit dafür gesorgt, daß ihre Hypotheken abgetragen wurden. Wenn sie kündigen konnten, taten sie es; wenn nicht, versuchten sie eine Einigung mit dem Gläubiger und zahlten den mit ihm vereinbarten Betrag. Viele Gläubiger sträubten sich, Papiermarkbeträge als Zahlung anzunehmen, die nicht einmal Goldpfennige wert waren. Bis weit in die Zeit der Geldentwertung hinein standen aber die Gerichte auf dem Standpunkt „Mark ist gleich Mark", und so wurden die Gläubiger gezwungen, das Papiergeld anzunehmen. Die Zahl derer, die durch gerichtliche Entscheidung dazu ge-

zwungen wurden, ist aber nicht entfernt so groß wie die Zahl derer, die einem drohenden Prozeß aus dem Wege gehen wollten und so das Geld, wenn auch wider Willen und mit innerem Widerstreben annahmen, Quittung und vielleicht auch Löschungsbewilligung erteilten. Als die Geldentwertung schon sehr weit fortgeschritten war, ging es selbstverständlich auch nicht ohne Protest gegenüber dem Schuldner ab, und schließlich behielt man sich, vertrauend auf eine Besserung der Verhältnisse, auf eine andere Rechtsprechung und auf das Eingreifen des Gesetzgebers, seine Rechte ausdrücklich vor. Wer dies getan hat, hat klug getan. Denn § 14 Abs. 1 Satz 1 AufwG. sagt:

„Trotz der Bewirkung der Leistung findet die Aufwertung statt, wenn der Gläubiger sich bei der Annahme der Leistung seine Rechte vorbehalten hat."

Daß gerade die Worte „Ich behalte mir meine Rechte vor" gebraucht seien, wird selbstverständlich nicht verlangt; es genügt jede Aeußerung des Gläubigers, die dahin ging, daß er mit der bewirkten Leistung sich nicht für befriedigt, für abgefunden halte. Viel weniger wird denn verlangt, daß der Vorbehalt schriftlich erfolgt, etwa in die Quittung oder Löschungsbewilligung aufgenommen ist. Ob ein solcher Vorbehalt erklärt ist, ist Tatfrage. Voraussichtlich gibt es über die Frage, ob ein wirksamer Vorbehalt vorliegt, viel Streit. Dieser Streit ist, nachdem der Gläubiger den Anspruch auf Aufwertung bei der Aufwertungsstelle angemeldet (Frist bis zum Ablauf des 31. Dezember 1925) und der Schuldner oder der Eigentümer bei ihr Einspruch eingelegt hat, **im Prozeßwege ausgetragen.** Die Aufwertungsstelle entscheidet wohl über die Höhe der Aufwertung, nicht aber darüber, ob eine Aufwertung auf Grund Vorbehalts stattfindet. Allerdings kann weitergehend die Zuständigkeit der Aufwertungsstelle zwischen den Beteiligten vereinbart werden.

2. Aufwertung auch der Hypothek. Liegt die Voraussetzung für die Aufwertung infolge Vorbehalts der Rechte für die persönliche Forderung vor, so wird auch die Hypothek aufgewertet; liegt sie für die persönliche Forderung nicht vor, so wird auch die Hypothek nicht aufgewertet. War zur Zeit der Bewirkung der Leistung der Schuldner zugleich Eigentümer des Grundstücks, so ist dies eigentlich selbstverständlich. Die Vorschrift hat aber den Fall im Auge, daß persönlicher Schuldner und Eigentümer verschieden waren. Hat der persönliche Schuldner gezahlt und hat sich der Gläubiger dabei seine Rechte vorbehalten, so verschlägt es nichts, wenn er dem Eigentümer ohne Vorbehalt Löschungsbewilligung erteilt hat; hat er sich seine Rechte bei Zahlung durch den persönlichen Schuldner nicht vorbehalten, so nützt es ihm nichts, wenn er dem Eigentümer gegenüber einen Vorbehalt gemacht hat.

Der Satz, daß der Vorbehalt bezüglich der persönlichen Forderung zugleich die Aufwertung der Hypothek (des dinglichen Rechtes) nach sich ziehe, erleidet übrigens eine Ausnahme: dann nämlich, wenn sich der Gläubiger seiner Rechte auf Aufwertung der Hypothek ausdrücklich begeben hat, vielleicht weil der Eigentümer ihm eine Abfindung gewährte. Dann bleibt die aufgewertete persönliche Forderung ungesichert. Darüber, ob die auf Grund des Vorbehalts mit der persönlichen Forderung aufgewertete Hypothek, wenn sie bereits gelöscht ist, wiedereingetragen werden kann, und mit welchem Range, siehe Kap. 14. Ueber die Anmeldung des Anspruchs auf Aufwertung auf Grund Vorbehalts siehe Kap. 10.

Eine teilweise oder völlige Ausschließung der Aufwertung kraft Vorbehalts kann nicht, wie bei der Rückwirkung (Kap. 9), von der Aufwertungsstelle angeordnet werden. Es bleibt nur die Herabsetzung auf Grund des § 8 (Kap. 5) und, wenn es sich um Forderungen der im § 10 bezeichneten Art handelt, die geringere Aufwertung nach § 10 (Kap. 7) übrig.

## Kapitel 9.

### Rückwirkung. Aufwertung auch ohne Vorbehalt der Rechte (§ 15 AufwG.).

1. Allgemeines. Einen tiefen Einschnitt macht das Gesetz mit dem 15. Juni 1922. An diesem Tage war der Goldmarkwert einer Mark noch 1,37 Goldpfennig.

Ende Oktober 1922 hatten 100 Mark diesen Wert nicht mehr, von der späteren Zeit, als 10 Milliarden Mark noch 1 Goldpfennig ergaben, ganz zu schweigen. Seit 20. November 1923 steht die Billion auf 1 Goldmark. Das Gesetz kann unmöglich Schuldner und Eigentümer sich darauf berufen lassen, der Gläubiger habe das Geld ohne Vorbehalt angenommen, wenn das Papiergeld, das zur Abtragung von vielleicht 1 Million Friedensmark hingegeben wurde, nicht einen roten Heller wert war. Der Gläubiger wäre damit vom Millionär zum Bettler geworden. Hat der Gläubiger die Leistung in der Zeit vom 15. Juni 1922 bis zum 14. Februar 1924 angenommen, so findet eine Aufwertung der Hypothek und der persönlichen Forderung auch dann statt, wenn der Gläubiger sich bei der Annahme der Leistung seine Rechte **nicht** vorbehalten hat. Es kommt hier nicht auf die Zeit der Ausstellung der Quittung oder der Löschungsbewilligung, sondern einzig und allein darauf an, ob die Leistung nach dem 14. Juni 1922 bewirkt ist.[1]) Ueber die Anrechnung der geleisteten Zahlungen siehe Kap. 11.

2. Gänzliche oder teilweise Ausschließung oder Milderung (Härtevorschriften). Durch diese Rückwirkung (rückwirkende Aufwertung kraft Gesetzes) können allerdings Härten eintreten. Im Regelfalle wird der persönliche Schuldner auch Eigentümer des belasteten Grundstücks sein; für ihn kann die Rückwirkung aus einem doppelten Grunde eine Härte bilden, sowohl was seine persönliche Schuld als was die Belastung des Grundstücks angeht. Sind Schuldner und Eigentümer verschieden, so kann die Rückwirkung für den einen oder anderen, vielleicht auch für beide, wenn auch aus verschiedenen Gründen, eine Härte bilden. Das Gesetz (§ 15) schließt deshalb die Aufwertung kraft Rückwirkung in besonderen Fällen ganz oder teilweise aus.

Die Aufwertung kraft Rückwirkung findet nach § 15 AufwG. nicht statt, soweit sie **ganz oder zum Teil**:

1. für den Eigentümer des belasteten Grundstücks oder für den persönlichen Schuldner mit Rücksicht auf seine wirtschaftliche Lage, insbesondere auch auf seine eigenen Vermögensverluste eine Härte bedeuten würde;
2. für den persönlichen Schuldner mit Rücksicht auf die Höhe des bei der Veräußerung des belasteten Grundstücks erzielten Erlöses oder mit Rücksicht darauf, daß das belastete Grundstück nicht mehr im Inlande liegt und deshalb die Inanspruchnahme des Eigentümers wesentlich erschwert ist, eine Härte bedeuten würde;
3. deshalb für den Eigentümer des belasteten Grundstücks oder für den persönlichen Schuldner eine unbillige Härte bedeuten würde, weil er nachweislich durch die Kündigung des Gläubigers gezwungen wurde, Vermögensstücke weit unter dem wirklichen Wert zu veräußern, um die Hypothekenschuld zurückzahlen zu können.

Dieser „Härteparagraph" wird in der Aufwertungsfrage eine große Rolle spielen. Bei Ziffer 1 ist die „wirtschaftliche Lage" des Eigentümers oder des persönlichen Schuldners in den Vordergrund gestellt, daneben aber soll Rücksicht darauf genommen werden, ob er selbst Vermögensverluste erlitten hat, ob er vielleicht aus einem reichen Manne wenn auch nicht gerade zu einem armen, so doch zu einem „Minderbemittelten" geworden ist. Liegen die Voraussetzungen nur bei dem Eigentümer, nicht auch bei dem von ihm verschiedenen persönlichen Schuldner vor, so ist Herabsetzung usw. nur für das dingliche Recht, nicht für die persönliche Forderung anzuordnen. Liegen die Voraussetzungen bei dem persönlichen Schuldner, nicht auch bei dem von ihm verschiedenen Eigentümer vor, so daß nur die Herabsetzung usw. der Aufwertung der persönlichen Forderung vorgenommen werden könnte, so ist doch daran zu erinnern, daß mit der Ausschließung der Rückwirkung für diese ohne weiteres die für die Hypothek selbst verbunden wäre (§ 9 AufwG.). Wenn nach dem zwischen Eigentümer und persönlichen Schuldner bestehenden

[1]) Wenn § 15 von der Annahme der Leistung in der Zeit vom 15. Juni 1922 bis zum 14. Februar 1924 spricht, so hat die letztere Beschränkung keine materielle Bedeutung; vgl. § 78 (Kap. 33).

Rechtsverhältnisse der letztere für den Fall, daß er den Gläubiger befriedigt, Ersatz verlangen kann, wird die Ausschließung der Rückwirkung abzulehnen sein, es sei denn daß keine Aussicht vorhanden ist, daß der Schuldner seine Ersatzforderung von dem Eigentümer beitreiben kann.

Ziff. 2 hat zwei Fälle im Auge: der erste Fall wird viel vorkommen. Viele, die ihr Haus zu einem ihrer Meinung nach hohen Preise verkaufen konnten, stießen ihre Hypotheken ab, verkauften, und der erhaltene Kaufpreis, der ziffernmäßig hoch war, stellt sich, bei Licht betrachtet, auf wenige Goldmark. Nun sollen sie rückwirkend aufwerten. Hier ist zwar die Ausschließung der Rückwirkung nicht davon abhängig gemacht, daß die „wirtschaftliche Lage" des Schuldners sie rechtfertige. Immerhin wird auch auf sie Rücksicht zu nehmen sein. Die Tatsache, daß das belastete Grundstück in dem abgetretenen Gebietsteile liegt, berechtigt den persönlichen Schuldner nur dann zum Verlangen der Ausschließung der Rückwirkung, wenn er für den Fall, daß er den Gläubiger befriedigt, nach dem zwischen ihnen bestehenden Rechtsverhältnisse von dem Eigentümer Ersatz verlangen kann.

Bei Ziff. 3 kann die Voraussetzung (wie bei Nr. 1) für den Eigentümer oder für den von ihm verschiedenen persönlichen Schuldner vorliegen. Es gilt das zu Ziff. 1 Gesagte.

**3.** Darüber, ob kraft Gesetzes Rückwirkung stattfindet (ob also nach dem 14. Juni 1922 gezahlt ist), entscheidet im Streitfalle das Gericht im Prozeßwege. Dagegen entscheidet über die Ausschließung der Rückwirkung aus den Härtevorschriften der Ziff. 1 bis 3 die Aufwertungsstelle.

## Kapitel 10.

### Anmeldungszwang. Sicherung des Gläubigers und des Eigentümers (§ 16 AufwG.).

**1.** Anmeldung. Einspruch. Der Anspruch auf Aufwertung auf Grund Vorbehalts oder kraft Rückwirkung muß **bis zum Ablauf des 31. Dezember 1925 bei der Aufwertungsstelle angemeldet werden.** Diese Stelle teilt die Anmeldung dem Eigentümer des belasteten Grundstücks und dem ihr von dem Gläubiger bezeichneten persönlichen Schuldner mit.[1]) Diese können innerhalb dreier Monate bei der Aufwertungsstelle Einspruch erheben. Der Einspruch braucht an sich nicht begründet zu werden. Es empfiehlt sich aber, die Gründe anzuführen. Mitunter werden sie der Aufwertungsstelle Anlaß geben, eine gütliche Einigung zu versuchen; dadurch können viele Prozesse vermieden werden. Wird Einspruch erhoben und kommt auch eine Einigung nicht zustande, so ist darüber, ob ein wirksamer Vorbehalt der Rechte vorliegt oder eine Rückwirkung stattfindet, im Prozeßwege zu entscheiden. Bei der Rückwirkung (Kap. 8) kann es sich dabei nur um die Frage handeln, ob die Leistung nach dem 14. Juni 1922 angenommen worden ist. Denn über die Härteklausel (vgl. Kap. 9 unter 2 Ziff. 1—3) entscheidet die Aufwertungsstelle. Der Eigentümer des belasteten Grundstücks oder der persönliche Schuldner, der auf Grund dieser Härtevorschriften die Aufwertung kraft Rückwirkung ganz oder zum Teil abwenden will, ohne bestreiten zu wollen, daß die Leistung nach dem 14. Juni 1922 bewirkt und angenommen worden ist, wird also gut tun, diesen Antrag in dem Einspruch zu begründen. Erhebt er Einspruch auch, weil Aufwertung kraft Rückwirkung überhaupt nicht stattfinde, so muß erst diese Frage im Prozeßweg ausgetragen werden, ehe die Aufwertungsstelle über den Antrag auf Minderung usw. entscheidet.[2])

---

[1]) Dies setzt voraus, daß der Aufwertungsstelle der Eigentümer bekannt ist. Dies ist nicht immer der Fall, namentlich bei Erbfällen. Der Gläubiger muß ihr deshalb die Erben genau bezeichnen. Tut er dies nicht und wird deshalb die Mitteilung nicht allen Beteiligten zugestellt, so verliert dadurch zwar die Anmeldung ihre Wirkung nicht, aber die Einspruchsfrist wird nicht in Lauf gesetzt.

[2]) Die Versäumung der Einspruchsfrist hindert den Eigentümer oder den persönlichen Schuldner nicht, bis zum 31. März 1926 gemäß § 8 die Herabsetzung der Aufwertung zu beantragen. Auch der Antrag auf geringere Aufwertung der persönlichen Forderung gemäß § 10 ist trotz Versäumung der Einspruchsfrist bis dahin zulässig.

Anmeldezwang besteht auch, wenn Teile der Hypothekenforderung gezahlt sind, für welche Aufwertung auf Grund Vorbehalts oder kraft Rückwirkung verlangt wird; ohne Anmeldung würde dann nur der noch nicht gezahlte Betrag aufgewertet.

Anmeldungszwang besteht **sowohl für gelöschte als für noch nicht gelöschte Hypotheken**, und auch für die durch sie gesicherten **persönlichen Forderungen**; nur wenn die Hypothekenschuld noch nicht abgetragen (die Leistung noch nicht bewirkt ist), bedarf es keiner Anmeldung; dann ist nur die Eintragung der Aufwertung beim Grundbuchamte zu beantragen.

2. Sicherung des Gläubigers gelöschter Hypotheken. Der Gläubiger, der Aufwertung auf Grund Vorbehalts oder kraft Rückwirkung verlangt, hat, wenn die Hypothek **bereits gelöscht ist**, einen Anspruch auf Wiedereintragung in Höhe des Aufwertungsbetrages, und zwar grundsätzlich mit dem früheren Range. Dieser Anspruch kann ganz oder teilweise jetzt schon dadurch vereitelt sein, daß nach der Löschung das Grundstück auf Grund Rechtsgeschäfts auf einen gutgläubigen Dritten übertragen worden ist, oder daß neue Hypotheken bestellt sind usw. Dagegen gibt es nur wenig Schutz; die Schutzvorschriften des § 22 AufwG. (vgl. Kap. 16) werden in der Regel versagen. Aber **gegen eine künftige Vereitelung** der **Wiedereintragung** mit dem früheren oder doch mit dem jetzt noch bereiten Range kann sich der Gläubiger schützen. Auf seinen **einseitigen Antrag beim Grundbuchamte** wird sein Anspruch auf Wiedereintragung der Hypothek durch Eintragung eines **Widerspruchs** gesichert. Die endgültige Wiedereintragung der Hypothek hat dann Zeit; sie erfolgt auch, wenn nicht der Eigentümer sie bewilligt, erst nach Ablauf der Einspruchsfrist und, wenn innerhalb der Frist Einspruch eingelegt ist, erst nach rechtskräftiger Entscheidung darüber, ob ein wirksamer Vorbehalt vorliegt oder eine Rückwirkung stattfindet. Ueber die endgültige Eintragung siehe Kap. 14. Für den Antrag auf Eintragung eines Widerspruchs ist keine Frist bestimmt. Dem Gläubiger ist aber anzuraten, ihn ungesäumt zu stellen; er kann in Preußen, da Aufwertungsstelle und Grundbuchamt dieselbe Behörde bilden, mit der Anmeldung verbunden werden, jedoch werden sie besser getrennt, wenn auch in einem Briefumschlag (an das „Amtsgericht") eingesandt. Der Antrag bedarf keiner Beglaubigung.

3. Sicherung des Eigentümers bei nicht gelöschten Hypotheken. Ist die Leistung, die kraft der Hypothek gefordert werden kann, vor dem 15. Juni 1922 bewirkt und ohne Vorbehalt angenommen, so daß eine Aufwertung überhaupt nicht stattfindet, oder glaubt der Eigentümer auf Grund der Härtevorschriften des § 15 AufwG. (vgl. Kap. 9 Nr. 2 unter Ziffer 1 bis 3) die Aufwertung verneinen zu können, so besteht für ihn die Gefahr, daß der Gläubiger über die Hypothek verfügt, sie an einen anderen abtritt usw. Das könnte für den Eigentümer verhängnisvoll werden. Der neue Gläubiger, der keine Kenntnis davon hat, daß die Voraussetzungen für die Aufwertung nicht vorliegen, könnte sich darauf berufen, daß die Hypothek kraft Gesetzes auf 25 v. H. des Goldmarkbetrages aufgewertet sei, und der Eigentümer müßte die Aufwertung, soweit die Belastung des Grundstücks in Frage steht, gegen sich gelten lassen. Der neue Gläubiger könnte also Befriedigung in Höhe des Aufwertungsbetrages aus dem Grundstücke fordern, die Zwangsversteigerung betreiben und Zahlung aus dem Erlöse beanspruchen. **Gegen diese Gefahr** schützt sich der Eigentümer, indem er beim Grundbuchamt die **Eintragung eines Widerspruchs** beantragt. Er wird zwar durch Vorlegung der Quittung nachweisen müssen, daß der Gläubiger die Leistung erhalten hat, nicht aber braucht er nachzuweisen, daß vor dem 15. Juni 1922 gezahlt und kein Vorbehalt gemacht sei. Der Antrag kann mündlich beim Grundbuchamt oder — unter genauer Bezeichnung des Grundbuchblatts — schriftlich gestellt werden; er bedarf keiner Beglaubigung. Für die Stellung dieses Antrags ist zwar keine Frist bestimmt, der Eigentümer hat es sich aber selbst zuzuschreiben, wenn er durch Abtretungen usw. Schaden erleidet. Deshalb ist jedem anzuraten, den Antrag **ungesäumt** zu stellen.

Die Eintragung eines Widerspruchs ist auch zulässig, wenn inzwischen die Aufwertung auf 15 v. H. gemäß der Dritten Steuernotverordnung eingetragen ist.

## Kapitel 11.
## Aufwertung für den früheren Gläubiger, der die Hypothek abgetreten hat (§ 17 AufwG.).

1. Allgemeines. Ein Gläubiger, der die Hypothek abgetreten hat, nimmt an der Aufwertung unter denselben Voraussetzungen teil, unter denen eine Aufwertung für ihn erfolgen würde, wenn er zur Zeit der Abtretung das Geld vom Schuldner oder vom Eigentümer angenommen hätte; diese Aufwertung für den früheren Gläubiger hindert die Aufwertung für den späteren Gläubiger nicht. Es kann bei mehrfacher Abtretung vorkommen, daß eine Aufwertung sowohl für den letzten Gläubiger der Hypothek als für mehrere frühere Gläubiger stattfindet. Die Voraussetzungen sind: **entweder** Annahme der Leistung (hier der Gegenleistung für die Abtretung) durch den abtretenden Gläubiger unter Vorbehalt seiner Rechte **oder** Annahme der Gegenleistung nach dem 14. Juni 1922 (dann auch, wenn kein Vorbehalt vorliegt). Aufgewertet wird hier die Hypothek und die persönliche Forderung auf der Grundlage des für den abtretenden Gläubiger maßgebenden Goldmarkbetrags (vgl. Kap. 2), abzüglich des Goldwertes der erhaltenen Gegenleistung.

Beispiel: Hypothek für A aus 1910 . . . . . . . . . . . 10 000,— Mk.
A tritt sie vom 16. Juni 1922 an B ab, Zahlung von 10 000,— Papiermark an diesem Tage (Goldmarkwert 137 GM.).
Aufwertung für A = 2 500—137 = . . . . 2 363,—GM.
Aufwertung für B 25 v. H. von 137 =. . . 34,25 „

Ob die Abtretung auf Veranlassung des Eigentümers oder ohne dessen Zutun erfolgt ist, macht keinen Unterschied.

Durch den nicht unter die Vorschriften des § 2 Abs. 1 Schlußsatz oder des § 3 Ziff. 2 bis 11 fallenden Uebergang der Hypothek auf einen anderen, hat der Eigentümer in der Regel einen Vorteil; vgl. Kap. 2 Nr. 2 Abs. 2. Im vorstehenden Beispiel wäre der Aufwertungsbetrag für A, wenn er noch Gläubiger wäre, 2500 Goldmark. Infolge der Abtretung beträgt er für A und B zusammen nur . . . . . . 2 397,25 Goldmark. Dies kommt daher, weil B die gezahlten 137 Goldmark nur zu 25 v. H. aufgewertet erhält. Die Fälle können natürlich viel krasser liegen. Deshalb ist von größter Bedeutung die Frage, ob eine wirksame — nicht unter § 2 Abs. 1 Schlußsatz, § 3 Ziff. 2 bis 11 fallende — Abtretung vorliegt. Ueber die Erfordernisse der Abtretung siehe Kap. 2 Fußnote 2. Handelt es sich um die Abtretung einer Briefhypothek, und ist diese Abtretung nicht eingetragen, so behandelt § 21 den abtretenden Gläubiger als früheren und den neuen Gläubiger als gegenwärtigen Gläubiger nur, wenn die Abtretungserklärung in öffentlicher oder öffentlich beglaubigter Form ausgestellt ist (vgl. auch § 1155 BGB.). Ist dies nicht der Fall, ist also die Abtretungserklärung nur privatschriftlich erteilt, so gilt der abtretende Gläubiger grundbuchmäßig noch als der gegenwärtige Gläubiger, und die Aufwertung kann nur für den abtretenden Gläubiger eingetragen werden; die Eintragung der Abtretung richtet sich nach den allgemeinen Vorschriften des BGB. und der GBO. Daraus folgert Mügel (Kommentar zum AufwG.) in Anm. 2 zu § 17 und Anm. 4 zu § 21, daß in solchem Falle der abtretende Gläubiger auch im Sinne der §§ 4 ff. als der gegenwärtige Gläubiger gelte. In unserem Beispiel würde danach die Hypothek ohne Rücksicht auf die — an sich durch privatschriftliche Abtretungserklärung und Uebergabe des Briefs erfolgte — Abtretung auf 25 v. H. von 10 000 Mark = 2500 Goldmark (anstatt auf 2363 + 34,25 = 2 397,25 Goldmark) aufgewertet. B hätte nur Anspruch gegen A auf Berichtigung des Grundbuchs in der Weise, daß von den 2500 Goldmark ein Betrag von 34,25 Goldmark auf ihn (B) umgeschrieben werde. Dieser Auslegung kann ich nicht zustimmen. Der § 21 Abs. 1 enthält Vorschriften über die Eintragung, er ändert nichts an den materiellrechtlichen Aufwertungsvorschriften der §§ 2 bis 18. Vgl. des näheren unteu Kap. 15 Nr. 5.

2. Ausnahmen. Die Aufwertung für den früheren Gläubiger findet **nicht** statt, wenn die Höhe der Aufwertung zugunsten des Erwerbers sich gemäß § 2 Abs. 1 Schlußsatz oder gemäß § 3 Abs. 1 Ziffer 2 bis 11 (vgl. Kap. 2 Nr. 3) nach dem Zeitpunkte des Erwerbes durch den früheren Gläubiger bestimmt, also insbesondere nicht beim Uebergange durch Schenkung und dgl., auch nicht bei Abtretung nach dem 13. Februar 1924 (hier kommt es darauf an, ob die Abtretung vor dem 14. Februar 1924 wirksam erfolgt ist, mag auch die Annahme der Gegenleistung nach diesem Tage liegen). Für den früheren Gläubiger kann die persönliche Forderung abweichend von dem normalen Höchstsatze gemäß § 10 nur aufgewertet werden, wenn die Hypothek für sie eine Sicherungshypothek ist. Die abweichende Aufwertung der durch gewöhnliche Hypothek gesicherten Kaufgeldforderungen usw. wird für den früheren Gläubiger durch § 11 ausgeschlossen.

3. Anmeldezwang, Sicherung des Gläubigers. Auch der frühere Gläubiger, der hiernach Aufwertung verlangen kann, muß seinen Anspruch auf Aufwertung **bis zum Ablaufe des 31. Dezember 1925** bei der Aufwertungsstelle **anmelden.** Er hat auch Anspruch auf Wiedereintragung der Hypothek in Höhe des ihm zustehenden Aufwertungsbetrags auf seinen Namen. Ist die Hypothek gelöscht, so hat er Anspruch auf Eintragung der Hypothek selbst; ist sie noch nicht gelöscht, so hat er Anspruch auf Wiedereintragung für ihn — selbstverständlich nur in Höhe seiner Aufwertung. Diese Eintragung kann, wenn nicht der Eigentümer sie bewilligt, erst erfolgen, wenn die Einspruchsfrist abgelaufen und kein Einspruch eingelegt ist oder durch rechtskräftige Entscheidung festgestellt ist, daß ein wirksamer Vorbehalt der Rechte vorliegt oder eine Rückwirkung stattfindet. Darüber vergeht Zeit, und es wäre möglich, daß durch Zwischenverfügungen seine Rechte vereitelt würden. Ist die Hypothek bereits gelöscht, so könnte der Eigentümer die Wiedereintragung der Hypothek durch Veräußerung des Grundstücks an einen gutgläubigen Dritten überhaupt vereiteln oder er könnte durch Bestellung neuer Hypotheken usw. ihren Rang verschlechtern; ist sie noch nicht gelöscht, so könnte der neue Gläubiger die Wiedereintragung in Höhe des Aufwertungsanspruchs des früheren Gläubigers durch Weiterabtretung an einen gutgläubigen Dritten usw. vereiteln. Deshalb heißt es auch für den früheren Gläubiger, bei der Hand zu sein: **den Aufwertungsanspruch bei der Aufwertungsstelle anmelden und zugleich beim Grundbuchamt die Eintragung eines Widerspruchs beantragen.** Den Schutz, den der § 22 Abs. 2 AufwG. (siehe Kap. 16) gegen solche Zwischenverfügungen gewährt, kann einem vorsichtigen Gläubiger schon um deswillen nicht genügen, weil diese Schutzvorschrift durch die Reichsregierung außer Kraft gesetzt werden kann. Wir werden im Kap. 15 sehen, daß der Aufwertungsbetrag des früheren Gläubigers dem des gegenwärtigen Gläubigers und den diesem im Range gleich- oder nachstehenden Rechten im Range nachgeht, mit anderen Worten, daß er an die letzte Stelle zu stehen kommt. Um so mehr muß der frühere Gläubiger dafür sorgen, daß sein Aufwertungsbetrag wenigstens mit dem jetzt noch bereiten Range gesichert wird.

4. Sicherung des Eigentümers. Der Eigentümer, der behauptet, eine noch nicht gelöschte Hypothek sei überhaupt nicht aufzuwerten, kann sich auf Grund des § 16 Abs. 3 AufwG. (Kapitel 10 Nr. 3) durch Eintragung eines Widerspruchs gegen unberechtigte Verfügungen des eingetragenen Gläubigers schützen. Aber auch wenn er nur behauptet, die Hypothek sei für den früheren Gläubiger nicht aufzuwerten (z. B. weil er bei Abtretung vor dem 15. Juni 1922 die Gegenleistung ohne Vorbehalt angenommen hat), kann er die Eintragung eines Widerspruchs beantragen.

## Kapitel 12.

### **Anrechnung von Zahlungen** (§ 18 AufwG.).

1. Anrechnung im allgemeinen. Bei der Aufwertung auf Grund Vorbehalts der Rechte oder kraft Rückwirkung sind die geleisteten Zahlungen anzurechnen. Der Aufwertungsbetrag wird zunächst so berechnet, als wäre noch nichts gezahlt. Auf den so berechneten Aufwertungsbetrag werden die Zahlungen in Höhe des

Goldmarkbetrags angerechnet, Zahlungen jedoch, die vor dem 15. Juni 1922 ohne Vorbehalt angenommen sind, werden zum Nennbetrag auf den Nennbetrag angerechnet.

Ist der ganze Papiergeldmarkbetrag vor dem 15. Juni 1922 gezahlt und ohne Vorbehalt angenommen worden, so findet eine Aufwertung überhaupt nicht statt (§ 14). Ist ein Teilbetrag in dieser Weise gezahlt, so wird nur der Restbetrag aufgewertet. Das Gesetz (§ 18 Abs. 1 Satz 2) drückt dies anders aus: Die Zahlung wird zum Nennbetrag auf den Nennbetrag angerechnet.

Beispiel I.

| | |
|---|---|
| Hypothek von 10 000 Mark aus 1910 . . . . . . . . . . . | 10 000 Mk. |
| Am 10. Juni 1922 wurden 2000 Mark gezahlt und ohne Vorbehalt angenommen; sie werden zum Nennbetrag (2000 Mark) auf den Nennbetrag (10 000 Mark) angerechnet. . . . . . . . . . . | 2 000 „ |
| Der Restbetrag von . . . . . . . . . . . . . . . . . | 8 000 GM. |
| wird mit 25 v. H. aufgewertet = . . . . . . . . . . . | 2 000 „ |

So ist auch die Aufwertung für den früheren Gläubiger, der einen Teilbetrag von 2000 Mark abgetreten und die Gegenleistung vor dem 15. Juni 1922 ohne Vorbehalt angenommen hat. Im ersteren Falle (Zahlung durch den Eigentümer) wird die Hypothek in Höhe von 25 v. H. von 30,40 Goldmarkbetrag der Zahlung = 7,60 Goldmark als Eigentümergrundschuld für den Eigentümer, im letzteren Falle (Abtretung) in gleicher Höhe für den neuen Gläubiger aufgewertet.

Hat die Zahlung nach dem 14. Juni 1922 stattgefunden oder hat sich der Gläubiger bei Zahlung vor dem 15. Juni 1922 seine Rechte vorbehalten, so wird der Aufwertungsbetrag zunächst unabhängig von der Zahlung berechnet; von ihm wird der Goldmarkbetrag der Zahlung abgerechnet.

Beispiel II.

Dieselbe Hypothek.[1]

| | |
|---|---|
| Am 25. Juni 1922 ist der ganze Betrag (10 000 Mark) gezahlt worden. Der Aufwertungsbetrag ist 25 v. H. von 10 000 Mark = . . . . . . . . | 2 500 GM. |
| Ab Goldmarkbetrag der 10 000 Mark am 25. Juni 1922 . . . . . . . . . . . . . . . . . . | 126 „ |
| bleibt Aufwertung . . . . . . . . . . . . . . . . . . | 2 374 GM. |

Beispiel III.

Dieselbe Hypothek.

Am 25. Juni 1922 wurden 2 000 Mark gezahlt.

| | |
|---|---|
| Aufwertungsbetrag der Hypothek (25 v. H.) = . . . . . . | 2 500,— GM. |
| ab Goldmarkbetrag der Zahlung vom 25. Juni 1922 (20×1,26) . . . . . . . . . . . . . . . | 25,20 „ |
| bleibt Aufwertungsbetrag . . . . . . . . . . . . . . . | 2 474,80 GM. |

So ist auch die rückwirkende Aufwertung für den früheren Gläubiger (§ 17) zu berechnen, wenn er die Hypothek (Beispiel II) oder die Teilhypothek von 2000 Mark (Beispiel III) abgetreten und als Gegenleistung am 25. Juni 1922 jene Beträge erhalten hat.

Bei der Teilzahlung von 2000 Mark (= 25,20 Goldmark) durch den Eigentümer (Beispiel III) ist für diesen eine Eigentümergrundschuld entstanden, die auf 25 v. H. = 6,30 Goldmark aufgewertet wird; sie hat Rang nach dem Aufwertungsbetrag des Gläubigers (§ 1176 BGB.), vgl. aber für den Fall, daß die Hypothek auf den Eigentümer umgeschrieben ist, den § 21 Abs. 2 (unter Kap. 15).

**2. Einschränkung der Aufwertung für den früheren Gläubiger** (vgl. Kap. 11). Die Aufwertung für den gegenwärtigen Gläubiger und für den früheren Gläubiger soll die Summe der Aufwertungsbeträge nicht höher gestalten,

---

[1]) In den Beispielen II und III wird rechtzeitige Anmeldung, daß Aufwertung für den gezahlten Betrag verlangt wird (Kap. 10), vorausgesetzt, da sonst Rückwirkung nicht stattfindet.

als wenn keine oder keine weiteren Abtretungen erfolgt wären. Schuldner und Eigentümer sollen durch die Abtretung, die ja auch ohne ihr Zutun erfolgt sein kann, nicht geschädigt werden. Deshalb bestimmt § 18 Abs. 2 AufwG., daß die Hypothek, wenn sie für beide Gläubiger und vielleicht noch für Zwischengläubiger aufzuwerten ist, für den früheren Gläubiger nur insoweit aufgewertet wird, als der für diesen zu berechnende Aufwertungsbetrag die Gesamtheit der Aufwertungsbeträge der ihm zeitlich nachfolgenden Gläubiger übersteigt. Der Fall wird höchstselten vorkommen; in aller Regel ist vielmehr der Gesamtbetrag der Aufwertungsbeträge niedriger, als wenn keine Abtretung erfolgt wäre.

Beispiel I.

Eine Friedenshypothek von 100 000 Mark ist am 16. Juni 1922 von A an B und am 16. Januar 1923 von B an C abgetreten worden. Wenn B dem A, und C dem B nur den Papiermarkbetrag von 100 000 Mark gezahlt haben, beträgt die Aufwertung

für C 25 v. H. von 32,20 = . . . . . . . . . . . . . 8,05 GM.
für B 25 v. H. von 1370 = 342,50 — 8,05 = . . . . . 334,45 „
für A 25 v. H. von 100 000 = 25 000 — 1370 = . . . . 23 630,— „

zusammen also weniger, als wenn A die Hypothek behalten hätte. Eine Ermäßigung aus § 18 Abs. 2 kommt deshalb nicht in Frage. Wenn C dem B für die Hypothek am 2. Januar 1923 etwa 6000 Goldmark gezahlt hätte, würde aufgewertet:

für C 25 v. H. von 6000 . . . . . . . . . . . . . . . . . 1 500 GM.
für D nichts, da er mehr erhalten hat, als seine Aufwertung betragen würde,
für A an sich auf 23 630 Goldmark. Hier wäre der Fall des § 18 Abs. 2 gegeben. Die Aufwertung für A ermäßigt sich auf 25 000 — 1500 = 23 500 Goldmark. Dann müßte aber C dem B am 16. Januar 1923 für die Hypothek von 100 000 Papiermark fast 20 Millionen Papiermark gezahlt haben. So etwas wird wohl nicht vorgekommen sein. Eher möglich ist folgender Fall.

Beispiel II (vgl. Mügel, Anm. 5 zu § 18):

Dieselbe Hypothek. A tritt sie am 16. Juni 1922 zu dem vereinbarten Preise von 100 000 Mark an B ab. B zahlt aber die 100 000 Mark erst am 16. Januar 1923.

Die Aufwertung für A beträgt an sich 25 000 — 32,20 (Goldmarkbetrag der Zahlung) = . . . . . . . . . . . . . 24 967 80 GM.

Die für B beträgt 25 v. H. von 1370 Goldmark (Goldmarkbetrag zur Zeit der Abtretung) = . . . . . . . . . . . 342,50 „

Der für A zu berechnende Aufwertungsbetrag (ohne Abzug der Zahlung) = 25 000 GM. ist nur um 24 657,50 GM. höher als der Aufwertungsbetrag des B; die Aufwertung für A ermäßigt sich auf diesen Betrag.

## Kapitel 13.

### Ausschluß weitergehender Ansprüche (§ 19 AufwG.).

Im Falle, daß die Leistung bewirkt ist, kann der Gläubiger nur die im AufwG. vorgesehene Aufwertung verlangen. Soweit nach diesen Vorschriften eine Rückwirkung nicht stattfindet, kann er insbesondere auch eine Aufwertung wegen ungerechtfertigter Bereicherung oder auf Grund einer Anfechtung wegen Irrtums u. dgl. nicht verlangen. Nur arglistige Täuschung (Vorspiegelung unrichtiger Tatsachen u. dgl.) kann ihm einen weiteren Anspruch gewähren.

## Kapitel 14.

### Wiedereintragung gelöschter Hypotheken (§ 20 AufwG.).

1. Allgemeines. Das ist für viele, die gelöscht haben, ein „schwieriges Kapitel". Grundsätzlich erfolgt die Wiedereintragung der gelöschten Hypothek in Höhe der Aufwertung, grundsätzlich auch mit ihrem früheren Rang (§ 6 Abs. 1 AufwG., vgl. oben Kap. 3 und § 20 Abs. 1 AufwG.). Allein dieser § 20 Abs. 1 fügt dem die Worte hinzu: „soweit nicht die Vorschriften über den öffentlichen Glauben des Grundbuchs oder über das Erlöschen von Rechten durch den Zuschlag bei der Zwangsversteigerung entgegenstehen". Auf die Wirkung

des „öffentlichen Glaubens des Grundbuchs“ ist oben wiederholt hingewiesen worden (Kap. 5 Nr. 2, Kap. 10 Nr. 2, Kap. 11 Nr. 3, 4). An dieser Stelle muß näher darauf eingegangen werden. Zunächst sei bemerkt: Hat seit der Löschung der Hypothek kein Eigentumswechsel stattgefunden, so kann die Wiedereintragung erfolgen; der Gläubiger muß nur seinen Anspruch auf Aufwertung bei der Aufwertungsstelle anmelden und sofort einen Widerspruch eintragen lassen (Kap. 10 Nr. 2, Kap. 11 Nr. 3). Ob allerdings die Eintragung mit dem früheren Range möglich ist, hängt davon ab, ob nach der Löschung neue Rechte für gutgläubige Dritte eingetragen oder aber bereits bestehende — der Hypothek im Range nachstehende — Rechte auf Grund Rechtsgeschäfts auf gutgläubige Dritte übergegangen sind.

2. Entgegenstehende Vorschriften über den öffentlichen Glauben des Grundbuchs; Unmöglichkeit der Wiedereintragung überhaupt oder mit dem früheren Range. Der § 892 Abs. 1 Satz 1 BGB. bestimmt:

„Zugunsten desjenigen, welcher ein Recht an einem Grundstück oder ein Recht an einem solchen Rechte durch Rechtsgeschäft erwirbt, gilt der Inhalt des Grundbuchs als richtig, es sei denn, daß ein Widerspruch gegen die Richtigkeit eingetragen oder die Unrichtigkeit dem Erwerber bekannt ist.“

Nun war die — gelöschte — Hypothek mit der Löschung erloschen. Durch die Aufwertung lebt sie in Höhe des Aufwertungsbetrags wieder auf. Diese Auflebung wirkt auf den Zeitpunkt der Löschung zurück, sie hat rückwirkende Kraft; es ist rechtlich so anzusehen, als wäre die Hypothek in dieser Höhe nie erloschen. Aber das Grundbuch wies sie nicht mehr auf; in ihm war sie verschwunden. Das Grundbuch ist mit der Löschung unrichtig geworden. Dies ist zwar nur eine Folge der Rückwirkung und es konnte vor der Verkündung des Aufwertungsgesetzes niemand erkennen, daß das Grundbuch unrichtig sei; das Gegenteil ist der Fall; es mußte jedermann annehmen, durch die gesetzesgemäße Löschung sei die Hypothek endgültig für alle Zeiten beseitigt. Wer nun in der Zwischenzeit — zwischen der Löschung und der Wiedereintragung — ein Recht an dem Grundstücke — als solches gilt auch das Eigentum — oder ein Recht an einem solchen Rechte, z. B. ein Pfandrecht oder einen Nießbrauch an einer Hypothek, erworben hat, für den gilt das Grundbuch als richtig. Der neue Eigentümer hat das Eigentum frei von der Hypothek erworben; sein Eigentum steht der Wiedereintragung der Hypothek entgegen. Hat der — frühere oder spätere — Eigentümer neue Hypotheken usw. bestellt, so kann die Hypothek in Höhe der Aufwertung nur mit Rang nach diesen Rechten eingetragen werden, ebenso, wenn eine etwa schon vor der Löschung eingetragene Hypothek zwischenzeitlich an einen anderen abgetreten oder einem anderen verpfändet worden ist. Den guten Glauben an die Richtigkeit des Grundbuchs wird man einem Erwerber selten absprechen können.

Solche Rechtsvorgänge haben die gedachte Wirkung auch dann, wenn zur Zeit des Erwerbes des Grundstücks oder eines Rechtes an ihm usw. die Hypothek zwar noch nicht gelöscht war, der Gläubiger aber beglaubigte Löschungsbewilligung oder beglaubigte (löschungsfähige) Quittung erteilt hatte oder gleichzeitig mit jenem Erwerb erteilte (§ 20 Abs. 2 AufwG.). Dies setzt voraus, daß die Hypothek auf Grund der damals schon vorliegenden löschungsfähigen Quittung oder Löschungsbewilligung später gelöscht worden ist; denn der ganze § 20 handelt nur von gelöschten Hypotheken. Ist die Hypothek nicht gelöscht, so richtet sich die Wiedereintragung des früheren Gläubigers nach § 21 (Kap. 15).

Der Erwerb des Eigentums oder eines nachstehenden Rechtes hat aber jene Wirkung nur, wenn er sich durch Rechtsgeschäft vollzogen hat; wer ein Grundstück oder ein der Hypothek nachstehendes Recht durch Erbschaft erworben hat, kann sich nicht auf den öffentlichen Glauben des Grundbuchs berufen, ebensowenig der, für den eine Sicherungshypothek auf Grund vollstreckbaren Schuldtitels im Wege der Zwangsvollstreckung (sog. Zwangshypothek, §§ 866 bis 868 der Zivilprozeßordnung) eingetragen worden ist.

4. Auch die Vorschriften über das Erlöschen von Rechten durch den Zuschlag bei der Zwangsversteigerung können der Wiedereintragung der Hypo-

thek entgegenstehen. Durch den Zuschlag wird der Ersteher Eigentümer des Grundstücks (§ 90 Abs. 1 des Gesetzes über die Zwangsversteigerung und die Zwangsverwaltung). Durch ihn erlöschen die Rechte, die nicht nach den Versteigerungsbedingungen bestehen bleiben (das. § 91 ebenda). Hat die Zwangsversteigerung des Grundstücks stattgefunden, als die Hypothek gelöscht war, so kann sie überhaupt nicht mehr eingetragen werden, weil der Ersteher das Grundstück frei von der Hypothek erworben hat.

5. Beispiele zu § 20.

Beispiel I. Es sind Friedenshypotheken eingetragen für A 100 000 Mark, für B 20 000 Mark. A wurde nach 1922 vom Eigentümer befriedigt, sein Recht ist gelöscht. B ist noch Inhaber der Hypothek zu 2 (oder sie ist auf seine Erben übergegangen). Hier wird der Aufwertungsbetrag des A vor dem des B (oder dessen Erben) eingetragen; außerdem hat der Eigentümer die Befugnis, mit Rang vor B eine Hypothek oder Grundschuld in Höhe von 25 000 Goldmark eintragen zu lassen (Kap. 4).

Beispiel II. Es sind eingetragen: 1. 100 000 Mark für A aus 1910; 2. 20 000 Mark für B aus 1914.

A wurde nach dem 15. Juni 1922 befriedigt, sein Recht wurde am 17. August 1922 gelöscht. Am 10. Januar 1923 wurde für C eine Hypothek von 300 000 Mark eingetragen (Goldmarkbetrag 1482 Goldmark).

Aufwertung für A 25 000 — 1 370 (Goldmarkbetrag der Zahlung) = 23 630 Goldmark, für B 5000 Goldmark, für C 370,50 Goldmark.

A muß hinter C zurückstehen, behält aber Rang vor B; C hat Rang nach B.

Bei einem Versteigerungserlöse von 20 000 Goldmark erhielten: C 370,50 Goldmark und A 19 629,50 Goldmark. B muß hier die Befriedigung des C vor sich dulden, obwohl er ihm im Range vorgeht; denn C verdrängt den A aus seiner Stelle, und den B berührt das Verhältnis zwischen A und B nicht. Dagegen ist A der Leidtragende, wenn für das Grundstück 28 000 Goldmark erlöst werden; denn dann erhält C 370,50 Goldmark, A 23 259,50 Goldmark und B den Rest mit 4370 Goldmark; A fällt mit 370,50 Goldmark aus.

Das Rangverhältnis zwischen B und C ändert sich aber, wenn das Recht des A aus irgend einem Grunde erlischt; dann kommt der Vorrang des B vor C wieder voll zur Geltung, denn die Vorschrift des § 880 Abs. 4 BGB., nach der bei der Vorrangseinräumung der Vorrang des vortretenden Rechts nicht dadurch verloren geht, daß das zurücktretende Recht durch Rechtsgeschäft aufgehoben wird, gilt hier auch nicht „entsprechend", weil C nicht Vorrang vor A hat, sondern A nur dessen Befriedigung vor sich dulden muß.

Beispiel III. Hypotheken für A und B wie Beispiel II. Nach Löschung der Hypothek des A ist eine wertbeständige Hypothek für C von 50 000 Goldmark am 1. August 1923 eingetragen worden. Die Aufwertung für A wird eingetragen (23 630 Goldmark), und zwar mit Rang vor B, aber nach C. C rückt aber auch in die freie Rangstelle des Eigentümers (§ 7 Abs. 4) ein. Infolgedessen müssen sich vorgehen lassen:

A die 50 000 Goldmark des C (§ 20),
B die 23 630 Goldmark des A und 25 000 Goldmark des C (§ 7),
C mit 1 370 Goldmark die 5000 Goldmark des B.

Bei einem Erlöse von 50 000 Goldmark erhielten:

C 48 630 Goldmark (23 630 Goldmark an Stelle des A, 25 000 Goldmark infolge Einrückung in die freie Rangstelle hinter A),
B den Rest (1370 Goldmark).
A geht leer aus, weil C ihn verdrängt.

Wäre der Erlös 56 000 Goldmark, so erhielten:

C 48 630 Goldmark,
B 5 000 „
C 1 370 „
A 1 000 „

Beispiel IV. Wie Beispiel III, nur ist die Goldhypothek des C in der Zeit vom 14. Februar 1924 bis 1. Oktober 1924 eingetragen. Hier hat C schon gemäß § 6 Abs. 2 AufwG. Vorrang vor 3000 Goldmark des B; infolgedessen muß B sich vorgehen lassen:

23 630 Goldmark des A und 25 000 Goldmark des C (weil er in die freie Rangstelle eingerückt ist) und mit 2000 Goldmark das ganze Recht des C.

Bei einem Erlöse von 50 000 Goldmark erhält C 48 630 Goldmark (25 000 Goldmark kraft eigenen Rechts, die anderen 23 630 Goldmark an Stelle des A); B erhält 1 370 Goldmark.

Bei einem Erlöse von 78 000 Goldmark erhalten:

C 48 630 GM.,
B 3 000 GM.,
C seine restlichen 1370 GM.,
A 23 630 GM.,
B den Rest mit 2000 GM.

Beispiel V. Nach Löschung der Hypothek des A ist unter Nr. 3 eine Goldmarkhypothek für C in Höhe von 20 000 Goldmark am 10. Oktober 1923 und unter Nr. 4 eine solche von 40 000 Goldmark für D in der Zeit vom 14. Februar 1924 bis 1. Oktober 1924 eingetragen worden. Es ist mit Aufwertungsbeträgen zu rechnen (Beispiel II) für A = 23 630 Goldmark, für B 5000 Goldmark. Dann folgen grundbuchmäßig C = 20 000 Goldmark und D = 40 000 Goldmark.

C braucht sich nichts vorgehen zu lassen; den A nicht, weil er Rang vor ihm hat, den B nicht, weil er in die freie Rangstelle zwischen A und B einrückt (§ 7 Abs. 4), übrigens auch an Stelle des A Befriedigung vor B verlangen könnte (Beispiel II).

D rückt nur mit 5000 Goldmark in die freie Rangstelle zwischen A und B ein, weil C ihm schon 20 000 Goldmark von den 25 000 Goldmark weggenommen hat. Aber A muß mit seinen 23 630 Goldmark dem D weichen, und B geht ihm nur mit 3000 Goldmark vor (Beispiel IV).

B muß sich vorgehen lassen:

23 630 GM. des A
20 000 GM. des C } Einrückung in freie Rangstelle,
5 000 GM. des D }

außerdem mit seinen letzten 2000 Goldmark die restlichen 35 000 Goldmark des D (§ 6 Abs. 2).

A muß sich vorgehen lassen die 20 000 Goldmark des C und die 40 000 Goldmark des D (§ 20).

Es entfallen bei einem Versteigerungserlöse von

| | 48 630 GM. | 60 000 GM. | 63 000 GM. | 87 000 GM. |
|---|---|---|---|---|
| auf A | — — | — — | — — | 23 630 „ |
| auf B | — — | 3 000 „ | 3 000[3]) „ | 3 370 „ |
| auf C | 20 000 „ | 20 000 „ | 20 000 „ | 20 000 „ |
| auf D | 28 630[1]) „ | 37 000[2]) „ | 40 000 „ | 40 000 „ |

---

[1]) Was D nicht kraft eigenen Rechtes dem B wegnimmt (5000 Goldmark kraft Einrückung in die freie Rangstelle), nimmt er dem A weg, weil er diesem im Range vorgeht.

[2]) D erhält vor B 5000 Goldmark infolge Einrückens in die freie Rangstelle und 23 630 Goldmark an Stelle des A, dem er vorgeht; im übrigen geht ihm B in Höhe von 3000 vor.

[3]) D muß sich vorgehen lassen: 20 000 Goldmark des C und 3000 Goldmark des B, hat also Anspruch auf den Mehrerlös = 40 000 Goldmark. A braucht sich an sich nur vorgehen zu lassen 20 000 Goldmark des C und 40 000 Goldmark des D = 60 000 Goldmark, hat also hier Anspruch auf 3000 Goldmark.

Es liegt ein Widerstreit der Rechte des A und des D vor, hervorgerufen durch das Zwischenrecht des B. In diesem Widerstreit muß A zurückstehen, weil sein Recht dem D gegenüber unwirksam ist.

**6. Aufwertung der persönlichen Forderung trotz der Unmöglichkeit der Wiedereintragung der Hypothek.** Ist nach dem Gesagten die Wiedereintragung der Hypothek unmöglich geworden, so hindert dies nicht die Aufwertung der persönlichen Forderung auf Grund des Vorbehalts oder kraft Rückwirkung. Der Gläubiger muß aber den Anspruch auf Aufwertung rechtzeitig anmelden (Kap. 10), um ihn gegen den persönlichen Schuldner zu erhalten; ist auch vielleicht zur Zeit nichts von ihm zu holen, so kann er doch wieder einmal zu Vermögen kommen.

## Kapitel 15.

### Wiedereintragung des früheren Gläubigers bei einer umgeschriebenen oder abgetretenen Hypothek (§ 21 Aufw.G.).

**1. Allgemeines.** Die Wiedereintragung des früheren Gläubigers bei einer **gelöschten** Hypothek richtet sich nach den Vorschriften des § 20 AufwG. Alles, was im Kap. 14 hinsichtlich der Wiedereintragung für den Gläubiger gesagt ist, gilt entsprechend für die Wiedereintragung für den Aufwertungsbetrag des früheren Gläubigers oder (bei mehrfacher Abtretung) der früheren Gläubiger. Ist also eine Hypothek, die nach § 17 (Kap. 11) auch für den früheren Gläubiger aufgewertet wird, nach der Umschreibung auf den neuen Gläubiger **gelöscht worden**, so gilt für die Wiedereintragung des Aufwertungsbetrags des früheren Gläubigers der § 20 (Kap. 14). Dies hat zur Folge, daß für ihn der Rangrücktritt des § 21 Abs. 2 (unten Nr. 2 Abs. 2 und Nr. 3 Abs. 2) nicht gilt. Die Eintragung erfolgt also mit dem Range der Hypothek, soweit nicht die Vorschriften über den öffentlichen Glauben des Grundbuchs usw. entgegenstehen. Der Aufwertungsbetrag hat insbesondere Rang vor den vor der Löschung eingetragenen Papiermarkhypotheken und — jetzt — deren Aufwertungsbeträgen.

Hier, im § 21 AufwG., handelt es sich um die Eintragung des Aufwertungsbetrages des früheren Gläubigers bei **noch nicht gelöschten**, aber auf einen anderen umgeschriebenen oder (bei Briefhypotheken) durch schriftliche Abtretungserklärung und Uebergabe des Briefes abgetretenen Hypotheken.

Unter Nr. 1. behandelt „§ 21 Abs. 1 den Fall, daß die Hypothek auf einen anderen umgeschrieben ist, aber für den früheren — infolge der Umschreibung nicht mehr eingetragenen — Gläubiger aufgewertet wird, sei es auf Grund des § 17 (Fall der Abtretung — vgl. darüber unten Nr. 2 —) oder unmittelbar auf Grund der §§ 14, 15 (wenn der Gläubiger die Zahlung vom Eigentümer oder persönlichen Schuldner usw. (vgl. darüber unten Nr. 3) angenommen und die Hypothek dann auf Grund der erteilten Quittung auf diese umgeschrieben worden ist. Diesen beiden Fällen ist in Nr. 2 der Fall gleichgestellt, daß eine Briefhypothek zwar nicht auf einen anderen umgeschrieben ist, das Gläubigerrecht des anderen sich aber aus einer zusammenhängenden, auf einen eingetragenen Gläubiger zurückführenden Reihe von öffentlich beglaubigten Abtretungserklärungen usw. ergibt (§ 1155 BGB.), vgl. darüber unten Nr. 5. In allen diesen Fällen erleidet der frühere Gläubiger eine Rangverschlechterung, die auch dann eintritt, wenn an sich die Vorschriften über die Wirkung des öffentlichen Glaubens des Grundbuchs (Kap. 14 Nr. 2) der Eintragung mit dem früheren Range nicht entgegenstehen würden, vgl. darüber unten Nr. 2 Abs. 2, Nr. 3 Abs. 2, Nr. 5 Abs. 1.

2. Ist eine noch nicht gelöschte Hypothek abgetreten und auf den neuen Gläubiger umgeschrieben und wird sie gemäß § 17 (Kap. 11) für den früheren Gläubiger aufgewertet, so erfolgt die Eintragung der „Aufwertung" für den **gegenwärtigen** Gläubiger, falls die Aufwertung für ihn auf § 4 (bei noch nicht erhaltener Zahlung) beruht, gemäß § 6 (Kap. 3); wenn sie aber auf §§ 14, 15 (bei erhaltener Zahlung) beruht, ist gemäß § 16 (Kap. 10). Der **frühere** Gläubiger ist als „Gläubiger" nicht mehr im Grundbuch eingetragen; die Hypothek muß für ihn in Höhe seines Aufwertungsbetrags „wiedereingetragen" werden. Dies kann nur geschehen, wenn er sein Aufwertungsbegehren rechtzeitig bei der Aufwertungsstelle angemeldet hat und auch dann erst, wenn die Einspruchsfrist abgelaufen ist (vgl. Kap. 10 Nr. 1, Kap. 11 Nr. 3), vorher nur, wenn der Eigentümer einwilligt.

An sich würde der Aufwertungsbetrag des früheren Gläubigers den bisherigen Rang erhalten, soweit nicht die Vorschriften des öffentlichen Glaubens des Grundbuchs entgegenstehen, vgl. Kap. 14 Nr. 2. (Dabei verbleibt es ja auch, falls die Hypothek — wenn auch nach der Umschreibung — gelöscht ist — vgl. oben Nr. 1 —.) Aber Abs. 2 des § 21 bestimmt für den hier behandelten Fall (daß die abgetretene Hypothek auf einen anderen umgeschrieben und noch nicht gelöscht ist), daß der Aufwertungsbetrag des früheren Gläubigers dem des gegenwärtigen Gläubigers und den diesem im Range gleich- oder nachgehenden Rechten im Range nachgeht, so daß er also an die **letzte Stelle** rückt. Der Aufwertungsbetrag des früheren Gläubigers der ersten Hypothek tritt also hinter sämtliche aufgewerteten Nachhypotheken und hinter die etwa eingetragenen wertbeständigen Hypotheken zurück; auch legt sich der Rangvorbehalt für den Eigentümer hinter der ersten, vielleicht auch hinter der zweiten Hypothek dazwischen. Darauf, ob die nachstehenden Rechte im guten Glauben erworben sind, kommt es nicht an. An sich gilt dies auch für Rechte, die bis zur Wiedereintragung des früheren Gläubigers oder eines Widerspruchs (§ 16 Abs. 2 Satz 2, § 17 Schlußsatz) neu bestellt werden. § 22 Abs. 2 läßt jedoch den Rangrücktritt nicht zugunsten solcher Rechte gelten, die nach dem 1. Juli 1925 bestellt worden sind oder bis zum Außerkraftsetzen der Vorschrift durch die Reichsregierung noch bestellt werden. Da man nicht weiß, wann diese Außerkraftsetzung erfolgt, ist dem früheren Gläubiger anzuraten, die Wiedereintragung oder doch die Eintragung eines Widerspruchs nicht allzulange zu verzögern. Dies auch deshalb, weil, wenn nach der Eintragung der Aufwertung für den gegenwärtigen Gläubiger ein Eigentumswechsel auf Grund Rechtsgeschäfts eintritt, dieser der Eintragung des Aufwertungsbetrags des früheren Gläubigers entgegensteht. Werden mehrere Hypotheken usw. für die früheren Gläubiger aufgewertet, auf die der § 2 Abs. 2 Anwendung findet, so ist für die Aufwertungsbeträge dieser Gläubiger untereinander die frühere Rangfolge maßgebend.

3. Wiedereintragung nach Umschreibung der Hypothek auf den Eigentümer. Wenn die Forderung durch Zahlung usw. erlischt, so erlischt dadurch das dingliche Recht, die Hypothek, nicht; im Regelfalle erwirbt vielmehr der Eigentümer des Grundstücks die Hypothek (§ 1163 Abs. 1 Satz 2 BGB.), die sich in eine Grundschuld (Eigentümergrundschuld) verwandelt (§ 1177 BGB.). Diese Rechtsfolge tritt kraft Gesetzes ein. Der Eigentümer kann die zur Grundschuld gewordene Hypothek auf Grund der (beglaubigten) Quittung des Gläubigers löschen lassen, dann erlischt die Hypothek (Grundschuld); er kann sie aber auch auf seinen Namen umschreiben lassen oder sie an einen anderen abtreten, sei es als Grundschuld, sei es unter Zurückverwandlung in eine Hypothek als Hypothek. Hat er sie unverändert auf den Namen des Gläubigers stehen lassen, so richtet sich die Eintragung des Aufwertungsbetrags für den Gläubiger nach § 16; dieser gilt dann im Sinne des § 21 nicht als ein „früherer" Gläubiger, und auch der Rangrücktritt des § 21 Abs. 2 tritt nicht ein. Hat der Eigentümer die Hypothek auf seinen Namen umschreiben lassen, so gilt er als der gegenwärtige Gläubiger; der Gläubiger, der infolge der Zahlung Quittung in öffentlicher oder öffentlich beglaubigter Form erteilt hat, auf Grund deren die Umschreibung erfolgte, gilt als der „frühere" Gläubiger. Sein Recht muß „wiedereingetragen" werden; nach den Eingangsworten des § 21 finden die Vorschriften des § 20 „entsprechende" Anwendung. Voraussetzung ist auch hier, daß der Gläubiger sein Recht rechtzeitig angemeldet hat (Kap. 10 Nr. 1).

Auch hier gilt § 21 Abs. 2: Der bisherige Gläubiger tritt hinter den Aufwertungsbetrag des Eigentümers und hinter alle diesem im Range gleich- oder nachgehenden Rechte zurück, also an die letzte Stelle. Er ist schlechter gestellt, als wenn der Eigentümer die Hypothek auf Grund der Quittung oder Löschungsbewilligung hätte löschen lassen. Auch im übrigen gilt hier das unter Nr. 2 vorstehend Gesagte. Die Vorschriften gelten auch dann, wenn der Eigentümer die Hypothek nach der Umschreibung weiter abgetreten hat.

4. Verwandte Fälle. Der § 21 Abs. 1 führt unter Ziffer 1 als Fälle, in denen die Hypothek zwar nicht gelöscht, aber nicht mehr für den früheren Eigentümer

eingetragen ist, nur die zu 2 und 3 oben besprochenen auf, allerdings nur beispielsweise. Solcher Fälle gibt es aber mehr. Erwähnt sei z. B. der Fall, daß der Bürge den Gläubiger befriedigt. Dadurch geht die Forderung und mit dieser die Hypothek kraft Gesetzes auf den Bürgen über (§ 774 in Verbindung mit §§ 401, 412, 1153 BGB.). Hat der Gläubiger die Leistung von dem Bürgen unter Vorbehalt oder nach dem 14. Juni 1922 angenommen, so kann er, rechtzeitige Anmeldung vorausgesetzt, Wiedereintragung der Hypothek (Umschreibung) auf seinen Namen in Höhe seines Aufwertungsanspruchs verlangen.

**5. Briefhypothek.** Ist sie abgetreten und ist die Abtretung eingetragen oder ist sie auf den Eigentümer oder auf den zahlenden Bürgen usw. (vgl. Nr. 4 oben) umgeschrieben, so gilt das oben unter Nr. 1 bis 4 Gesagte unmittelbar. Die Briefhypothek kann aber auch ohne Eintragung abgetreten werden; dazu ist dann außer der Uebergabe des Briefs die Erteilung einer schriftlichen Abtretungserklärung erforderlich, die — um die Abtretung wirksam zu machen — nicht beglaubigt zu sein braucht. — Ist die Abtretung in dieser Weise wirksam erfolgt, so ist durch sie das Grundbuch unrichtig geworden, weil es noch den früheren Gläubiger als Inhaber der Hypothek aufweist. Der neue Gläubiger wird indessen hinsichtlich der Vorschriften über die Wirkungen des öffentlichen Glaubens des Grundbuchs wie ein eingetragener Gläubiger behandelt, wenn er im Besitze des Briefs ist und sich sein Gläubigerrecht aus einer zusammenhängenden, auf einen eingetragenen Gläubiger zurückführenden Reihe von öffentlich beglaubigten Abtretungserklärungen ergibt (§ 1155 BGB.). Daran knüpft § 21 Abs. 1 Ziff. 2 AufwG. an. Die Aufwertung für den neuen Gläubiger, der sich auf diese Weise ausweist, wird gemäß § 6 Abs. 1 Satz 2 AufwG. (Kap. 3 oben) eingetragen, da er gewissermaßen als eingetragener Gläubiger gilt. Der abtretende Gläubiger gilt als der „frühere" Gläubiger, für den die Hypothek als nicht mehr eingetragen angesehen wird. Seine Wiedereintragung erfolgt deshalb — rechtzeitige Anmeldung vorausgesetzt — auf Grund des § 21 in entsprechender Anwendung des § 20; sein Aufwertungsbetrag tritt aber hinter den des gegenwärtigen Gläubigers und hinter alle diesem im Range gleich- oder nachgehenden Rechte zurück (§ 21 Abs. 2 AufwG.).

Eine Vorschrift darüber, ob und wie der Aufwertungsbetrag des Gläubigers eingetragen werden soll, der die Hypothek durch Uebergabe des Briefs und Erteilung einer privatschriftlichen Abtretungserklärung abgetreten hat, enthält das Gesetz nicht; § 21 Abs. 1 Ziff. 2 setzt ausdrücklich das Vorliegen der öffentlich beglaubigten Abtretungsurkunden voraus. Und doch muß es einen Weg dafür geben, denn die Hypothek wird doch nach § 17 AufwG. (oben Kap. 11) auch für ihn aufgewertet. Anderer Meinung ist freilich Mügel, vgl. oben Kap. 11 Nr. 1. Wenn man aber auch der Ansicht von Mügel nicht zustimmt — vgl. die Gegengründe oben Kap. 10 Nr. 1 —, braucht der § 21 nicht herangezogen zu werden! Die Sachlage ist die: Der neue Gläubiger bedarf zur Eintragung seines Aufwertungsbetrags der Mitwirkung des früheren, nämlich dessen beglaubigter Abtretungserklärung oder Eintragungsbewilligung, und der frühere Gläubiger bedarf der Mitwirkung des neuen, nämlich der Vorlegung des Hypothekenbriefs. Sie müssen also zusammenwirken, und im Grundbuch kann für jeden nur sein eigener Aufwertungsbetrag eingetragen werden. Die Eintragung für den früheren Gläubiger, der im Sinne des § 21 noch als eingetragen anzusehen ist, richtet sich nach § 6, 16, nicht nach § 21. Deshalb findet auch § 21 Abs. 2 AufwG. (Rangrücktritt des Aufwertungsbetrags des früheren Gläubigers) in diesem Falle keine Anwendung.

Der mehrerwähnte § 1155 BGB. bestimmt im Satz 2, daß einer öffentlich beglaubigten Abtretungserklärung gleichsteht .... das öffentlich beglaubigte Anerkenntnis einer kraft Gesetzes erfolgten Uebertragung der Forderung. Eine solche Uebertragung ist z. B. die auf den Bürgen (vgl. oben Nr. 4), insbesondere aber der Uebergang der Hypothek auf den zahlenden Eigentümer (vgl. oben Nr. 3). Nach der herrschenden Meinung (z. B. Kommentar der Reichsgerichtsräte und Kommentar Staudinger zu § 1155 BGB.) genügt die öffentlich beglaubigte Quittung des Gläubigers für den Eigentümer nicht; es wird vielmehr ein Anerkenntnis gefordert, daß die Hypothek auf den Eigentümer übergegangen sei. Die Frage ist für die Aufwertung wichtig, weil dann die Quittung allein, auch wenn sie beglaubigt ist, den Eigentümer nicht zu einem als eingetragen geltenden Gläubiger macht. Quassowski (Kommentar zum AufwG., Anm. I zu § 21) läßt beglaubigte Quittung zur Anwendung des § 21 genügen. Danach wäre jeder Eigentümer, dem der Gläubiger bei seiner Papiermarkzahlung beglaubigte Quittung unter Uebergabe des Hypothekenbriefs erteilt hat, als der gegenwärtige Gläubiger im Sinne des § 21 AufwG. anzusehen und der Gläubiger würde mit seinem Aufwertungsbetrag an die letzte Rangstelle rücken. Das Ergebnis ist so unbefriedigend, daß die strengere Auslegung (Erfordernis eines öffentlich beglaubigten Anerkenntnisses, daß die Hypothek auf den Eigentümer übergegangen sei) vorzuziehen ist.

6. Verschiebung im Rangvorbehalt des § 7 AufwG. Dadurch, daß die Hypothek sowohl für den gegenwärtigen als für den früheren Gläubiger aufgewertet wird, teilt sie sich. Als erste aufgewertete Hypothek im Sinne des § 7 gilt die des gegenwärtigen Gläubigers, vgl. die Ausführungen in Kap. 4 Nr. 2 oben.

Ein städtisches Grundstück in Preußen, Wehrbeitragswert 100 000 Mk., ist belastet mit

1. 60 000 Mk. seit 1910 für A,
2. 20 000 Mk. seit 1911 für B,
3. 10 000 Mk. seit 1913 für C.

A hat seine Hypothek am 14. Januar 1923 gegen Zahlung von 100 000 Mk. an D abgetreten.

Die Goldmarkbeträge betragen:
A 60 000, B 20 000, C 10 000, D 322 Mk.

Da D mit 80,50 GM. an die erste Stelle kommt, liegen die Goldmarkbeträge des B und C noch innerhalb der Grenze der Mündelsicherheit; es bestehen Rangvorbehalte: nach D = 80,50 GM., nach B 5 000 GM. und nach C 2 500 GM.

## Kapitel 16.

### **Schutz gegen zwischenzeitliche Eintragungen** (§§ 22, 23 AufwG.).

1. Allgemeines. Es ist bereits wiederholt auf die Unmöglichkeit hingewiesen worden, die Eintragung des Aufwertungsbetrags für den Gläubiger überhaupt oder doch mit dem früheren Range vorzunehmen, vgl. insbesondere die Abhandlung in Kap. 14 Nr. 2. Der § 22 will den Schaden insoweit, als es durch das nachträgliche Eingreifen des Gesetzgebers ohne Schädigung wohlerworbener Rechte Dritter irgend möglich ist, abwenden, indem er unter gewissen Voraussetzungen die in der letzten Zeit, als eine Aenderung der Aufwertungsvorschriften schon in Sicht war, erfolgten, an sich den Schutz des öffentlichen Glaubens des Grundbuchs genießenden Erwerbe für unschädlich oder für anfechtbar erklärt. Auch § 23 kann dem Gläubiger mitunter seinen durch Zwischenverfügungen verschlechterten Rang wieder etwas verbessern.

2. Soweit nach dem 1. Januar 1925 durch den Eigentümer und seine nächsten Angehörigen (seinen Ehegatten, Verwandten auf- und absteigender Linie, durch seine oder seines Ehegatten voll- und halbbürtigen Geschwister oder durch den Ehegatten eines dieser Personen) Rechte erworben worden sind, so steht der öffentliche Glaube des Grundbuchs der Wiedereintragung des Aufwertungsbetrages für den Gläubiger (und den früheren Gläubiger) an der bisherigen Rangstelle nicht entgegen. In diesen Fällen wird gewissermaßen vermutet, daß die Veräußerungen und Belastungen usw. vorgenommen worden sind, um die Eintragung des Aufwertungsbetrages, sei es ganz, sei es an der bisherigen Rangstelle zu hintertreiben. Die Vorschrift gilt deshalb nicht, wenn der Erwerber beweist, daß ihm zur Zeit des Erwerbes eine Absicht des anderen Teiles (des Veräußerers usw.), das Recht

des Gläubigers zu beeinträchtigen, nicht bekannt war; ein solcher Beweis ist allerdings schwer zu erbringen. Die Vorschrift gilt aber auch dann nicht, wenn das Recht vor dem 1. Juni 1925 auf einen nicht zum Kreise dieser Personen gehörenden Dritten übergegangen ist.

3. Rechtserwerbe vom 1. Juli 1925 ab. Als die in Aussicht stehende Regelung der Aufwertung allgemein bekannt war, mußte jeder mit der Rückwirkung auch für gelöschte Hypotheken rechnen. Das AufwG. (§ 22 Abs. 2) bestimmt deshalb, daß der öffentliche Glaube des Grundbuchs der Eintragung des Aufwertungsbetrags an der bisherigen Rangstelle nur entgegensteht, wenn der für den Erwerb eines Rechtes an dem Grundstücke maßgebende Zeitpunkt vor dem 1. Juli 1925 liegt. Diese Vorschrift gilt gegenüber jedem dritten Erwerber, nicht also nur gegenüber nahen Angehörigen des Eigentümers.

4. Anfechtung von Verfügungen des Eigentümers, die nach dem 31. Dezember 1924 liegen. Eine weitere Rettungsmöglichkeit gibt dem Gläubiger des aufgewerteten, aber gelöschten Rechtes der § 22 Abs. 3 AufwG. Er kann Verfügungen, die der Eigentümer nach der Löschung oder Umschreibung der Hypothek seit dem 1. Januar 1925 über das belastete Grundstück getroffen hat (Veräußerung oder Neubelastung des Grundstücks), anfechten, wenn die Verfügungen in der dem anderen Teile (Erwerber) bekannten Absicht vorgenommen sind, die Eintragung des aufgewerteten Rechtes an der bisherigen Rangstelle zu vereiteln. Diese Anfechtung erfolgt im Wege der Klage gegen den Erwerber. Die Klage muß bis zum 31. Dezember 1925 erhoben werden. Anfechtungsklagen sind schwer durchzuführen, wenn sie sich nicht gegen nahe Angehörige des Veräußerers richten. Gegen solche ist aber eine Anfechtung infolge des weitergehenden Schutzes ihnen gegenüber aus § 22 Abs. 1 (oben Nr. 2) nicht nötig. Ist der Eigentümer im Konkurs, so kann die Anfechtung noch innerhalb 6 Monaten nach der Beendigung des Konkursverfahrens erhoben worden.

5. Schutz gegenüber einer zwischenzeitlich bestellten Gesamthypothek (§ 23 AufwG.). Ist vor der Wiedereintragung des gelöschten aufgewerteten Rechtes eine Hypothek auf das belastete Grundstück und zugleich auf andere Grundstücke in der Weise eingetragen worden, daß jedes Grundstück für die ganze Forderung haftet (§ 1132 BGB.), so geht diese Hypothek der aufgewerteten gelöschten Hypothek infolge des öffentlichen Glaubens des Grundbuchs (Kap. 14) zum vollen Betrage im Range vor. Hier kann der Gläubiger, dessen Aufwertung infolgedessen einen gar verkümmerten Rang erhalten würde, bei der Aufwertungsstelle eine Regelung dahin beantragen, daß die Gesamthypothek ihm nur zu einem Teilbetrage vorgehen soll (angemessene Verteilung auf das mit der gelöschten Hypothek belastete und auf die übrigen Grundstücke). Dann hat der Gläubiger der Gesamthypothek dem Gläubiger der aufgewerteten Hypothek in Höhe des auf die übrigen Grundstücke entfallenden Betrages der Gesamthypothek den Vorrang einzuräumen.

Der Antrag muß vor dem 1. Januar 1926 gestellt werden.

## IV. Rückzahlung, Verzinsung, Tilgung.

### Kapitel 17.

### Rückzahlung (§§ 25 bis 27).

1. Gesetzliche Fälligkeit (§ 25). Der Gläubiger kann die Zahlung des Aufwertungsbetrages vor dem 1. Januar 1932 weder von dem Eigentümer des belasteten Grundstücks noch von dem persönlichen Schuldner verlangen. Dagegen sind der Eigentümer und der Schuldner berechtigt, den Aufwertungsbetrag nebst den fälligen Zinsen schon vor dem 1. Januar 1932 zu zahlen, sie müssen aber drei Monate vorher kündigen. Vorschriften in Gesetzen, Satzungen und Verträgen, die für besondere Fälle eine vorzeitige Fälligkeit anordnen, bleiben unberührt.

Hierher gehört u. a. die Abrede, daß die Fälligkeit des Kapitals eintritt, wenn die Zinsen nicht pünktlich gezahlt werden oder die Gebäude nicht versichert gehalten werden.

**2.** Gewährung von Teilzahlungen (§ 26). Wenn es mit Rücksicht auf die wirtschaftliche Lage des Eigentümers oder des Schuldners zur Abwendung einer groben Unbilligkeit unabweisbar erscheint, kann die Aufwertungsstelle auf seinen Antrag anordnen, daß der Aufwertungsbetrag in Teilbeträgen zu zahlen ist, jedoch spätestens bis zum 1. Januar 1938. Dabei kann die Aufwertungsstelle bestimmen, daß schon vom 1. Januar 1930 ab mit den Zahlungen zu beginnen ist.

Der Antrag muß bis zum 1. Januar 1927 gestellt werden. Werden Teilzahlungen gestattet, so ist dies auf Antrag des Eigentümers oder des Gläubigers in das Grundbuch einzutragen. Der Antrag bedarf keiner Beglaubigung; Zustimmung des anderen Teiles ist nicht erforderlich.

**3.** Anordnung früherer Zahlungen. Soweit die wirtschaftliche Lage des Gläubigers es dringend erfordert und der Eigentümer des belasteten Grundstücks oder der persönliche Schuldner hierdurch keine erhebliche Erschwerung seiner wirtschaftlichen Lage erleidet, kann die Aufwertungsstelle auf Antrag des Gläubigers anordnen, daß der Eigentümer oder der persönliche Schuldner frühestens vom 1. Januar 1926 ab den Aufwertungsbetrag ganz oder teilweise vorzeitig zu zahlen hat. Die Aufwertungsstelle kann dabei den Abzug eines angemessenen Zwischenzinses anordnen, der sich im allgemeinen nach dem Unterschied des gesetzlichen Zinsfußes (Kap. 17) und dem sonst üblichen Zinssatze richten wird. Die Summe der angeordneten vorzeitigen Zahlungen darf innerhalb eines Jahres höchstens 1/10 des Aufwertungsbetrags erreichen und 1000 Reichsmark nicht übersteigen.

Der Antrag ist nur bis zum 1. April 1926 zulässig. Er ist nicht zulässig, wenn der Ertrag des Grundstücks durch eine Zwangswirtschaft zum Nachteile des Verpflichteten beschränkt ist (Mieterschutz, Pachtschutz). Auf Forderungen, die der Gläubiger erst nach dem 13. Februar 1924 erworben hat, finden die Vorschriften überhaupt keine Anwendung, es sei denn, daß es sich um einen Erwerb handelt, der für die Berechnung des Goldmarkbetrags nicht maßgebend ist, z. B. durch Erbschaft, Schenkung usw., vgl. Kap. 2 Nr. 3.

## Kapitel 18.

### **Verzinsung, Tilgung** (§§ 28 bis 30 AufwG.).

**1.** Verzinsung (§ 28 AufwG.). Der Aufwertungsbetrag ist bis zum 1. Januar 1925 unverzinslich; rückständige Zinsen gelten als erlassen. Der Zinssatz beträgt:

| | |
|---|---|
| vom 1. Januar 1925 ab | 1,2 v. H., |
| vom 1. Juli 1925 ab | 2½ v. H., |
| vom 1. Januar 1926 ab | 3 v. H., |
| vom 1. Januar 1928 ab | 5 v. H. |

Soweit dem Eigentümer oder dem persönlichen Schuldner über den 1. Januar 1932 hinaus Stundung bewilligt ist (vgl. Kap. 17 Nr. 2), erhöht sich der Zinssatz um den Betrag, den die Reichsregierung bestimmen wird. Zinsen des Aufwertungsbetrages sind auch zu zahlen, wenn die Hypothek früher unverzinslich war. Wird die Hypothek infolge Aufwertung kraft Rückwirkung wieder eingetragen, so beginnt die Verzinsung erst mit Beginn des auf die Wiedereintragung folgenden Kalendervierteljahres.

Die Zinsen sind an den Zinsterminen zu zahlen, die für die Hypothek gelten und auch für den vereinbarten Zeitraum (vierteljährlich, halbjährlich, jährlich). Auch die Abreden darüber, ob sie nachträglich oder im voraus zu zahlen sind, gelten auch für die Zinsen des Aufwertungsbetrages. Die ersten Zinsen werden jedoch nicht vor dem 1. August 1925 fällig.

2. Tilgungshypotheken (§ 29 AufwG.). Größere Kreditinstitute, wie Landesbanken, Pfandbrief- und Hypothekenbanken, mitunter auch Sparkassen, geben Darlehen mit der Bestimmung, daß neben den vereinbarten Zinsen und gleichzeitig mit ihnen in den festgesetzten Zinsterminen ein gleichfalls nach Hundertsätzen des Kapitals bestimmter Betrag zu zahlen ist, der zur allmählichen Tilgung der Forderung bestimmt ist (Tilgungsbeträge). § 29 AufwG. bestimmt nun, daß die Verpflichtung zur Leistung von Tilgungsbeträgen bis zum 1. Januar 1926 ruht. Für die Folgezeit kann die Aufwertungsstelle auf Antrag des Gläubigers die Leistung eines höheren als des vereinbarten Tilgungssatzes bestimmen, falls nicht die wirtschaftliche Lage des Eigentümers oder des persönlichen Schuldners es untunlich erscheinen lassen. Bei Grundstücken, die durch Zwangswirtschaft einen geringen Ertrag abwerfen, ist der Antrag erst nach Ablauf eines Jahres seit Beendigung der Zwangswirtschaft zulässig.

Auf Hypotheken, die in Teilbeträgen rückzahlbar waren (sog. Abschlagszahlungen), findet § 25 (Kap. 17) Anwendung.

3. Einstellung einer Zwangsversteigerung (§ 30 AufwG.). Wenn der Ertrag eines der Zwangswirtschaft unterliegenden Grundstücks zur Leistung der Zins- und Tilgungsbeträge nicht ausreicht und der Gläubiger deswegen die Zwangsversteigerung betreibt, kann das Gericht sie bis zu 3 Monaten einstellen, und zwar auch mehrfach. Die Einstellung kann auch schon vor der Anordnung der Zwangsversteigerung, also schon dann erfolgen, wenn der Eigentümer die Zinsen nicht mehr zahlen kann und befürchten muß, daß der Gläubiger die Zwangsversteigerung beantragen wird.

---

# Zweiter Teil.

# Aufwertung von Grundschulden, Rentenschulden, Reallasten, von Schiffs- und Bahnpfandrechten.

## Kapitel 19.

### **Grundschulden, Rentenschulden** (§ 31 AufwG.).

1. Grundschuld. Die „Hypothek" dient zur Sicherung einer (persönlichen) Forderung; sie ist auch grundsätzlich abhängig von dieser. Denn der Hypothekengläubiger kann Zahlung der Geldsumme aus dem Grundstücke (d. h. aus dem bei der Zwangsversteigerung zu erzielenden Erlöse oder aus den bei der Zwangsverwaltung zu erzielenden Einkünften) nur „zur Befriedigung wegen einer ihm zustehenden Forderung" verlangen. Anders bei der Grundschuld. Kraft der Grundschuld kann der Gläubiger Zahlung der Geldsumme aus dem Grundstück verlangen (§ 1191 BGB.). In dieser Begriffsbestimmung der Grundschuld fehlen die Worte „zur Befriedigung wegen einer ihm zustehenden Forderung". Deshalb ist das Recht des Grundschuldgläubigers auch dann, wenn die Grundschuld — was die Regel bilden wird, aber in der Eintragung nicht zum Ausdruck gelangen kann — zur Sicherung für eine Forderung (aus Darlehen, Kreditgewährung usw.) bestellt ist, grundsätzlich unabhängig von dem Bestehen einer persönlichen Forderung. Daraus erklärt sich die Vorschrift des § 1192 BGB.:

„Auf die Grundschuld finden die Vorschriften über die Hypothek entsprechende Anwendung, soweit sich nicht daraus ein anderes ergibt, daß die Grundschuld nicht eine Forderung voraussetzt."

2. Aufwertung der Grundschuld. Die Grundschuld wird ebenso aufgewertet wie die Hypothek, grundsätzlich also auf 25 v. H. ihres Goldmarkbetrages (vgl. Kap. 2 Nr. 2). Auch die sonstigen Vorschriften des Aufwertungsgesetzes über die Hypothek finden entsprechende Anwendung, insbesondere über den Rang des Aufwertungsbetrags (Kap. 3), über den Rangvorbehalt (Kap. 4), über die Herab-

setzung der Aufwertung (Kap. 5). Dagegen finden die Vorschriften über die Aufwertung der persönlichen Forderung (§§ 9 bis 13 AufwG., oben Kap. 6 und 7) keine Anwendung, mag auch die Grundschuld in Wirklichkeit eine persönliche Forderung sichern sollen. Die Aufwertung einer solchen Forderung richtet sich nach den allgemeinen Vorschriften, vgl. unten Kap. 27. Wird nach diesen Vorschriften die persönliche Forderung niedriger aufgewertet als 25 v. H., so hat dies auf die Aufwertung der Grundschuld keinen Einfluß, es kommt für sie nur Herabsetzung nach § 8 AufwG. (Kap. 5) in Betracht. Entsprechende Anwendung finden auch die §§ 14 bis 24 (Kap. 8 bis 16) über die Aufwertung auf Grund Vorbehalts oder kraft Rückwirkung, über die Wiedereintragung der gelöschten Grundschuld usw. Eine Vorschrift, die nur von der persönlichen Forderung oder vom persönlichen Schuldner handelt, ohne zugleich die Hypothek oder den Eigentümer zu erwähnen, ist jedoch unanwendbar, so z. B. die des § 15 Nr. 2 (Härte für den persönlichen Schuldner).

Auch die Grundschulden, die dem Eigentümer selbst zustehen, werden aufgewertet, und zwar nicht nur die, die er unmittelbar für sich bestellt hat, sondern auch die, die ihm bei Erlöschen einer Hypothekenforderung u. dgl. kraft Gesetzes zugefallen sind.

3. Die Rentenschuld ist eine Grundschuld; sie ist nur eine besondere Art von Grundschuld. Während bei dieser an den Gläubiger eine bestimmte Geldsumme aus dem Grundstück zu zahlen ist (Kapital) und die zu zahlenden Zinsen als Nebenleistung gelten, geht die Rentenschuld dahin, daß in regelmäßig wiederkehrenden Terminen eine bestimmte Geldsumme aus dem Grundstücke zu zahlen ist; diese „Renten" bilden gewissermaßen die Zinsen der Ablösungssumme, mit der der Eigentümer die Rentenschuld ablösen kann. Aufgewertet werden bei der Rentenschuld in erster Linie die Renten, und zwar auf 25 v. H. des Goldmarkbetrags. Der Aufwertungsbetrag einer Jahresleistung ist also gleich 25 v. H. des Goldmarkbetrags der eingetragenen Jahresleistung. Dieser Aufwertungsbetrag der Jahresleistung ist im Jahre 1925 mit 40 v. H., vom 1. Januar 1926 ab mit 60 v. H. und vom 1. Januar 1928 ab in voller Höhe zu zahlen. Für die Wiedereintragung einer etwa abgelösten und gelöschten Rentenschuld gilt das, was für die Grundschuld gilt. — Aufgewertet wird aber auch die Ablösungssumme, und zwar mit 25 v. H. ihres Goldmarkbetrags, unbeschadet ihrer etwaigen Herabsetzung gemäß § 8 AufwG. (oben Kap. 5).

## Kapitel 20.

### **Reallasten** (§ 31 AufwG.).

Für die Aufwertung kommen nur diejenigen Reallasten in Betracht, die auf die Entrichtung wiederkehrender Geldleistungen gerichtet sind (§ 1 AufwG.) — durch Eintragung einer Reallast gesicherte Leibrente usw. —. Sie werden ebenso aufgewertet wie die Renten der Rentenschuld. Bei der Reallast haftet der Eigentümer grundsätzlich auch persönlich für die während der Dauer seines Eigentums fällig werdenden Leistungen. Trotzdem wird die persönliche Forderung gegen ihn nicht aufgewertet; er haftet für die Aufwertungsbeträge nur mit dem Grundstücke, es sei denn, daß er aus einem anderen Rechtsgrunde persönlicher Schuldner ist, z. B. selbst in einem Vertrag die Zahlungsverpflichtungen übernommen hat. Dann aber richtet sich die Aufwertung der Forderung nach allgemeinen Vorschriften.

## Kapitel 21.

### **Schiffs- und Bahnpfandrechte** (§ 32 AufwG.).

Für die Schiffs- und Bahnpfandrechte gelten die für die Aufwertung der Hypotheken getroffenen Bestimmungen entsprechend. Nur gibt es keinen Rangvorbehalt für den Eigentümer (§ 7 AufwG., oben Kap. 4). Da dem Pfandrecht immer eine persönliche Forderung zugrunde liegt, die durch es gesichert wird, gelten auch die Vorschriften über die Aufwertung der durch Hypothek gesicherten persönlichen Forderungen.

# Dritter Teil.

## Aufwertung anderer Ansprüche als aus Hypotheken, Grundschulden usw.

### Kapitel 22.

### Aufwertung von Industrieobligationen und verwandten Schuldverschreibungen.

(Vierter Abschnitt, §§ 33 bis 46 AufwG.)

**1.** Es handelt sich um von natürlichen Personen, Personenvereinigungen oder juristischen Personen des Privatrechts ausgegebene Schuldverschreibungen, die entweder verzinslich sind oder an Stelle der Verzinsung mit einem Aufgeld (z. B. mit 120 v. H. des Nennbetrags) rückzahlbar sind, und die entweder auf den Inhaber lauten oder durch Indossament übertragbar sind, in der Hauptsache um sog. Obligationen, die von den Inhabern industrieller Werke mit staatlicher Genehmigung ausgegeben sind, mögen diese eine einzelne natürliche Person oder eine Mehrheit von Personen (offene Handelsgesellschaft) oder von sog. juristischen Personen des Privatrechts (wie Aktiengesellschaften, Gesellschaften mit beschränkter Haftung u. dgl.) sein. Als durch Indossament übertragbare Schuldverschreibungen kommen nur die kaufmännischen Verpflichtungsscheine des § 363 Abs. 1 Satz 2 HGB. in Betracht, die auf Ordre lauten. Auf Aktien beziehen sich die Vorschriften nicht; ihre Umwandlung erfolgt bei der Umstellung des Aktienkapitals in Gold nach Maßgabe der Goldbilanzverordnung vom 28. Dezember 1923 (RGBl. I 1253).

**2.** Die Ansprüche aus diesen Schuldverschreibungen werden auf 15 v. H. des Goldmarkbetrags aufgewertet [1]), und zwar auch dann nicht höher, wenn sie durch Hypothek gesichert sind. Infolgedessen wird auch die Hypothek für sie nicht höher aufgewertet. Als Goldmarkbetrag gilt hier, wenn die Schuldverschreibungen vor dem 1. Januar 1918 ausgegeben sind, der Nennbetrag; sind sie später ausgegeben, so wird der Nennbetrag nach Maßgabe des Wertverhältnisses, das in der Umrechnungstafel für den Tag der Ausgabe angegeben ist, in Gold umgerechnet.

**3.** Der Schuldner (Inhaber des industriellen Werkes) kann Herabsetzung der Aufwertung verlangen, wenn das mit Rücksicht auf seine wirtschaftliche Lage zur Abwendung einer groben Unbilligkeit unabwendbar ist. Das Verlangen muß vor dem 1. April 1926 bei der Aufwertungsstelle (Kap. 30) gestellt werden.

**4.** Aufwertung trotz Bewirkung der Leistung erfolgt, wenn der Gläubiger sich bei der Annahme seine Rechte vorbehalten hat. Eine Vorschrift, daß bei der Annahme der Zahlung nach dem 14. Juni 1922 Aufwertung auch dann erfolge, wenn der Gläubiger sich seine Rechte nicht vorbehalten hat (vgl. bezüglich der Hypotheken u. dgl. § 15 AufwG., oben Kap. 9), ist hier nicht getroffen. Kündigung und Auslosung hindern die Aufwertung nicht.

**5.** Vorschriften über die Anmeldung und den Nachweis der Rechte des Gläubigers und über den Ausschluß der Rechte für den Fall nicht rechtzeitiger Anmeldung usw. sind im AufwG. nicht getroffen. Sie sind durch die Reichsregierung erlassen in der VO. v. 10. August 1925 (RGBl. I S. 187), die Fristen sind geändert durch VO. v. 29. September 1925 (RGBl. I S. 383).

**6.** Für die Rückzahlung, Verzinsung und Tilgung des Aufwertungsbetrags gelten die für Hypotheken gegebenen Vorschriften der §§ 25, 26, 28, 29 AufwG. (oben Kap. 17, Nr. 1, 2, Kap. 18), soweit nicht die Reichsregierung ein anderes bestimmt.

**7. Genußrecht.** Den Altbesitzern von Schuldverschreibungen der genannten Art wird neben der Aufwertung eine Beteiligung am Reingewinn des Unternehmens gewährt. Altbesitzer ist, wer Schuldverschreibungen vor dem 1. Juli 1920

---

[1]) Berücksichtigt man daneben das Genußrecht (siehe unten), so kommt die Aufwertung der der Hypotheken (25 v. H.) gleich.

erworben hat. Er muß sein Altbesitzerrecht binnen einem Monat nach der öffentlichen Aufforderung des Schuldners (Inhabers des industriellen Unternehmens[1]) bei diesem oder bei der von diesem bestimmten Stelle anmelden und die erforderlichen Beweismittel spätestens innerhalb eines weiteren Monats einreichen. Gegen Beeinträchtigung der Rechte der Altbesitzer durch Kapitalerhöhungen oder sonstige Maßnahmen des Unternehmers kann ein von den anerkannten Altbesitzern bestellter Vertreter die Entscheidung einer Spruchstelle anrufen (§ 41 AufwG.). Diese Spruchstelle entscheidet auch, wenn der Schuldner (Unternehmer) an Stelle der Genußrechte eine Zusatzaufwertung oder eine Barabfindung gewähren will, darüber, ob der Wert dieser Ablösung den Wert der Genußrechte erreicht (§ 43 Ziff. 2 AufwG.). Die Entscheidung wirkt auch für und gegen alle Gläubiger, die sich an dem Verfahren nicht beteiligt haben (§ 46 AufwG.).

8. Rückwirkung. An dem Genußrechte nehmen auch die Schuldverschreibungen, die nach dem 13. Februar 1924 zurückgezahlt worden sind, teil, vorausgesetzt, daß die Gläubiger an diesem Tage „Altbesitzer" waren.

## Kapitel 23.

### Aufwertung von Pfandbriefen und verwandten Schuldverschreibungen.

(Fünfter Abschnitt §§ 47 bis 50 AufwG.)

Es handelt sich hier um von gewissen Privatunternehmen ausgestellte Wertpapiere. Hypothekenbanken, Pfandbriefbanken, Rentenbanken und andere Grundkreditanstalten sowie privatrechtliche Kommunalkreditanstalten (Landschaften, Landesbanken), Schiffsbeleihungsbanken und Ablösungsanstalten geben Darlehen auf Hypotheken oder nicht hypothekarisch gesicherte Darlehen an inländische Körperschaften des öffentlichen Rechtes (Gemeinden, Gemeindeverbänden) oder — unter voller Gewährleistung einer solchen Körperschaft — auch an andere Personen oder an Kleinbahnunternehmungen u. dgl. Auf Grund der so erworbenen Hypotheken geben sie sog. Pfandbriefe oder Rentenbriefe, auf Grund der Kommunaldarlehen usw. Schuldverschreibungen aus; mit dem bei deren Ausgabe erhaltenen Gelde erwerben sie wieder neue Hypotheken oder geben an Gemeinden und Gemeindeverbände neue Darlehen. Die Pfandbriefe sind durch die Hypotheken, die Schuldverschreibungen aber dadurch gesichert, daß ihnen die Darlehnsschuld der Gemeinden usw. zugrunde liegen. Durch Staatsaufsicht ist dafür gesorgt, daß keine ungedeckten Pfandbriefe oder Schuldverschreibungen ausgegeben werden, vgl. Hypothekenbankgesetz vom 13. Juli 1899, RGBl. S. 375. Aehnlich verhält es sich mit den Pfandbriefen und Schuldverschreibungen anderer Grundkreditanstalten, privatrechtlichen Kommunalkreditanstalten (Landschaften, Landesbanken usw.) oder von Schiffsbeleihungsanstalten oder von Ablösungsbanken für Grundkredit- oder Kommunalkreditzwecke aufgenommenen verbrieften Darlehen.

Diese Geldbeleihungsanstalten vermitteln gewissermaßen die Geldgewährung, indem sie selbst sich durch Ausgabe von Pfandbriefen usw. Geld besorgen und es wieder gegen Hypotheken oder an Kommunalverbände ausleihen. Sie haben wohl ein gewisses Betriebskapital; aber dieses steht in keinem Verhältnisse zu ihren Forderungen und Schulden. Sie müssen sehen, was sie aus ihren entwerteten Hypotheken infolge der Aufwertung und aus ihren Forderungen an Gemeinden oder Gemeindeverbände herausschlagen können. Danach wird sich im großen und ganzen auch die Höhe der Aufwertung der Pfandbriefe, Rentenbriefe, Schuldverschreibungen usw. richten; vielleicht können die Anstalten auch selbst noch einen Betrag aus ihrem sonstigen Vermögen leisten. Aus diesem und dem sonst aufkommenden Gelde wird eine **Teilungsmasse** gebildet, aus denen die Ansprüche der

[1]) Ueber die Form und die Art der Veröffentlichung dieser Aufforderung siehe VO. v. 29. September 1925 (RGBl. I. S. 384). Die Frist beginnt mit der Veröffentlichung im Reichsanzeiger.

Gläubiger gleichmäßig aufgewertet werden. Die näheren Bestimmungen trifft die Reichsregierung, insbesondere auch solche über die Anmeldung und den Nachweis der Rechte.

Die völlige Abwickelung wird eine Reihe von Jahren dauern, weil ja die Gelder aus den aufgewerteten Hypotheken nicht so bald eingehen werden. Es werden aber voraussichtlich von Zeit zu Zeit Teilauszahlungen erfolgen oder Goldpfandbriefe gewährt werden.

## Kapitel 24.

### Aufwertung von Schuldverschreibungen der Genossenschaften des öffentlichen Rechtes und verwandten Körperschaften als Unternehmer wirtschaftlicher Betriebe.

(Sechster Abschnitt, §§ 51 bis 54 AufwG.)

1. Es handelt sich hier nicht um Schuldverschreibungen der Länder, Gemeinden und Gemeindeverbände. Diese fallen unter das Anleiheablösungsgesetz vom 16. Juli 1925. Deshalb spricht auch die Ueberschrift des Abschnitts nicht allgemein von „Körperschaften des öffentlichen Rechts", sondern von „Genossenschaften des öffentlichen Rechts". Es fallen hierher die von Wasser-, Wald-, Fischereigenossenschaften u. dgl. ausgegebenen Schuldverschreibungen.

2. Die Aufwertung geht auch hier auf 15 v. H. des Goldmarkbetrages (wie bei den Industrieobligationen, vgl. Kap. 22). Auch hier kann der Aufwertungssatz durch die Aufwertungsstelle herabgesetzt werden. Hier fallen die Genußrechte fort, da es sich um keine Erwerbsgesellschaften handelt, die auf einen Gewinn abzielen. Die Rückzahlung, Verzinsung und Tilgung ist ebenso geregelt wie die der Hypotheken.

3. Unter den „verwandten Körperschaften" als Unternehmer wirtschaftlicher Betriebe sind öffentlich-rechtliche Kreditanstalten zu verstehen, die, obwohl keine Grundkreditanstalten, Darlehen auf Hypotheken und Gemeinden ausleihen. Sie geben Schuldverschreibungen aus, die an sich nicht als Pfandbriefe u. dgl. (Kap. 23) anzusprechen sind. Sie fallen hierher, wenn nicht die Länder sie den §§ 47 bis 50 (Kap. 23) unterstellen.

## Kapitel 25.

### Aufwertung von Sparkassenguthaben.

(Siebenter Abschnitt, §§ 55 bis 58 AufwG.)

1. Teilungsmasse. Das Aufwertungsgesetz handelt nur von Sparkassenguthaben bei öffentlichen oder unter Staatsaufsicht stehenden Sparkassen. Dazu gehören insbesondere die Gemeinde- und Kreissparkassen, nicht z. B. die Werk- oder Fabrikssparkassen und die Sparkassen der eingetragenen Genossenschaften. Die Sparkassen sind, ähnlich wie die Hypothekenbanken, Pfandbriefbanken usw. (Kap. 23) in der Hauptsache Geldvermittlungsanstalten. Das Geld, das sie von den Sparern erhalten, legen sie zum größten Teil in Hypotheken, in Reichs-, Staats- oder Kommunalanleihen u. dgl. an. Auch sie müssen abwarten, was sie aus den aufgewerteten Hypotheken, aus der Ablösung der öffentlichen Anleihen u. dgl. wieder hereinbekommen. Die Regelung der Aufwertung erfolgt deshalb ähnlich wie die der Ansprüche aus Pfandbriefen u. dgl. (Kap. 23). Es wird eine Teilungsmasse gebildet aus dem aufgewerteten Sparkassenvermögen und einem etwa aus dem sonstigen Vermögen des Schuldners (Stadt- oder Landgemeinde, Kreis usw.) oder durch den Garanten zu leistenden Beitrag. Der auf die Sparguthaben entfallende Betrag soll mindestens 12½ v. H. des Goldmarkbetrags erreichen, möglichst aber dem Aufwertungssatz entsprechen, der sich für die Anleihen des Schuldners oder seines Garanten ergibt.

2. Beteiligung an der Teilungsmasse. Die Gläubiger werden im Verhältnis des Goldmarkbetrages ihrer Forderungen (Goldwert zur Zeit der Einzahlung) berücksichtigt. Ist ein Guthaben von einer Sparkasse auf eine andere überwiesen, so ist der Gläubiger mit dem Goldmarkbetrage zur Zeit des Erwerbes

der Forderung gegen die erste Sparkasse bei der Teilungsmasse zu berücksichtigen, die bei der zweiten Sparkasse zu bilden ist. Wer also am 20. Januar 1917 bei der Städtischen Sparkasse in A 2000 Mark eingelegt hat und sie am 20. Januar 1920 auf die Kreissparkasse in B hat überweisen lassen, wird bei dieser mit dem Goldmarkbetrage von 1917 = 2000 Goldmark berücksichtigt und erhält den davon sich ergebenden Hundertsatz. Der Ausgleich erfolgt zwischen den beiden Sparkassen.

3. Bereits ausgezahlte Guthaben werden bei der Verteilung berücksichtigt, wenn der Gläubiger sich bei der Annahme der Leistung seine Rechte vorbehalten hat. Dies gilt an sich auch, wenn die Auszahlung nach dem 14. Juni 1922 erfolgt ist. Die oberste Landesbehörde kann aber abweichende Bestimmung treffen; sie kann anordnen, daß nach dem 14. Juni 1922 (oder einem bestimmten späteren Tage) ausgezahlte Beträge nicht als ausgezahlt gelten, vgl. unter Nr. 4, §58 Ziff. 3 AufwG.

4. Nähere Regelung der Durchführung durch die Landesbehörden. Während bei Bildung einer Teilungsmasse für die Aufwertung von Pfandbriefen u. dgl. (Kap. 23) die Regelung der Reichsregierung übertragen ist, wird sie hier den Landesbehörden übertragen. Wir müssen uns hier darauf beschränken, auf den § 58 des AufwG. zu verweisen.

## Kapitel 26.

### Aufwertung von Versicherungsansprüchen.

(Achter Abschnitt, §§ 59 bis 61 AufwG.)

1. Es handelt sich um Versicherungen bei privaten Versicherungsunternehmungen oder bei einer auf Grund landesgesetzlicher Vorschriften errichteten öffentlichen Versicherungsanstalt (Versicherungsaktiengesellschaften, Versicherungsvereine auf Gegenseitigkeit, Provinzialversicherungsanstalten). Nicht unter das AufwG. fallen die Versicherungen bei den Trägern der Reichsversicherungsordnung und des Angestelltenversicherungsgesetzes. An der Aufwertung nehmen teil: die Ansprüche der Versicherten aus Lebensversicherungsverträgen, ferner die Ansprüche der Versicherten aus solchen Kranken-, Unfall- und Haftpflichtversicherungsverträgen, für die nach gesetzlichen Bestimmungen oder nach Vorschrift der Aufsichtsbehörde vor dem 14. Februar 1924 ein Prämienreservefonds im Sinne der §§ 56 ff. des Versicherungsaufsichtsgesetzes zu bilden war, mit Ausnahme von Ansprüchen aus Haftpflichtversicherungsverträgen mit unbegrenzter Deckung. Als Lebensversicherung gilt die Versicherung auf den Lebensfall, auf den Todesfall, Kapitalversicherung, Rentenversicherung usw., ferner die Invaliditäts-, Alters-, Witwen-, Waisen-, Aussteuer- und Militärdienstversicherung, gleichviel ob auf Kapital oder Rente.

Nicht unter das Aufwertungsgesetz fallen die Feuer-, Einbruchs-, Hagelversicherungen.

2. Auch die Versicherungsgesellschaften haben ihr Geld, insbesondere die Prämienreserven, die ja zur späteren Auszahlung der Versicherungssumme dienen sollen, in Hypotheken, Reichs-, Staats- und Kommunalanleihen, in Pfandbriefen u. dgl. angelegt. Welche Beträge sie aus der Aufwertung zurückerhalten, läßt sich auch nicht annähernd voraussagen. Deshalb ist die Aufwertung der Ansprüche der Versicherer in ähnlicher Weise geregelt wie der Anspruch aus Pfandbriefen usw. (Kap. 23) und aus Sparkassenguthaben (Kap. 25). Es wird ein Aufwertungsstock gebildet, der von einem Treuhänder verwaltet und nach einem von diesem aufgestellten Teilungsplan zugunsten der Versicherten zu verwenden ist. Der Teilungsplan bedarf der Genehmigung der Aufsichtsbehörde und wird mit dieser verbindlich. Die näheren Anordnungen trifft die Reichsregierung.

3. An der Verteilung des Aufwertungsstockes nehmen auch die Versicherten teil, die die Leistung (Versicherungssumme) unter Vorbehalt ihrer Rechte angenommen haben; bei Annahme nach dem 14. Juni 1922 auch diejenigen, die ohne Vorbehalt angenommen haben.

## Kapitel 27.

### Aufwertung anderer Ansprüche.

(Neunter Abschnitt, §§ 62 bis 66 AufwG.)

1. Die Aufwertung der in der Einleitung unter Nr. 1 bis 7 bezeichneten Ansprüche sind in den Kap. 1 bis 26 behandelt. Dieser Teil handelt nur von sonstigen Forderungen, den sog. „gewöhnlichen Forderungen", die nicht durch Hypothek u. dgl. gesichert sind. Die Aufwertung solcher Ansprüche behandelt das Aufwertungsgesetz in seinem neunten Abschnitt (§§ 61 bis 66). Es gibt darüber aber nur wenige Vorschriften. An deren Spitze stellt es den Satz (§ 62):

„Die Aufwertung anderer als der in den §§ 4 bis 61 bezeichneten Ansprüche richtet sich nach den allgemeinen Vorschriften, soweit sich nicht aus den Vorschriften der §§ 63 bis 66 ein anderes ergibt."

Als solche allgemeine Vorschrift kommt vor allem der § 242 des Bürgerlichen Gesetzbuchs in Betracht; er lautet:

„Der Schuldner ist verpflichtet, die Leistung so zu bewirken, wie Treu und Glauben mit Rücksicht auf die Verkehrssitte es erfordern."

Ueber die Aufwertung und deren Höhe wird, wenn die Beteiligten sich nicht einigen, im Prozeßweg entschieden. (Ausnahme § 64.)

2. Für die Aufwertung von **Vermögensanlagen,** soweit solche in den sog. gewöhnlichen Forderungen zu erblicken sind, setzt jedoch das Aufwertungsgesetz eine oberste Grenze: 25 v. H. des Goldmarkbetrages. Auch finden die Vorschriften über die Aufwertung auf Grund Vorbehalts der Rechte (Kap. 8), über die Rückwirkung (Annahme der Leistung nach dem 14. Juni 1922, vgl. Kap. 9), über die Aufwertung auch für den früheren Gläubiger (Kap. 11), über die Anrechnung von Zahlungen (Kap. 12) und über die Ausschließung weitergehender Ansprüche (Kap. 13) entsprechende Anwendung. Keine Anwendung findet dagegen der § 16 AufwG. (Kap. 10) über die Anmeldung. Solche Aufwertungsansprüche sind also nicht bei der Aufwertungsstelle anzumelden.

3. Welche Forderungen im einzelnen als Vermögensanlagen anzusehen sind, sagt das Gesetz nicht. Ausdrücklich bestimmt es aber (§ 63 Abs. 2), daß als Vermögensanlagen im Sinne des Abs. 1 (oben Nr. 2) **nicht** gelten:

1. Ansprüche aus Gesellschaftsverträgen und anderen Beteiligungsverhältnissen;
2. Ansprüche aus Gutsüberlassungsverträgen sowie Ansprüche, die auf den Beziehungen aus der Auseinandersetzung unter Miterben, unter Ehegatten, unter geschiedenen Ehegatten, unter Eltern und Kindern oder zwischen Erben und Pflichtteilberechtigten oder Vermächtnisnehmern beruhen;
3. Ansprüche, die auf den Beziehungen zwischen unterhaltsberechtigten und unterhaltsverpflichteten Personen beruhen;
4. Ansprüche auf wiederkehrende Leistungen, die bei Abfindungen, Auseinandersetzungen, Ueberlassungen oder ähnlichen Rechtsvorgängen begründet sind;
5. Ansprüche auf Entrichtung eines Erbbauzinses;
6. Guthaben bei Fabrik- oder Werksparkassen sowie Ansprüche an Betriebspensionskassen (§ 64). Die Vorschrift, daß die Guthaben und Ansprüche kraft Gesetzes nicht Vermögensanlage sind, gilt nicht, soweit die Mittel der Kasse aus freiwilligen Zuwendungen des Arbeitgebers herrühren; sie gilt auch nicht, sofern das Vermögen der Kasse gesondert vom Vertriebsvermögen des Arbeitgebers zu verwalten und anzulegen war und verwaltet und angelegt worden ist.

Ferner bestimmt Abs. 3 des § 63, daß als Vermögensanlagen im Sinne des Abs. 1 nicht gelten Ansprüche aus gegenseitigen Verträgen, d. h. aus Verträgen, bei denen die Leistung des einen Vertragsteils sich als Gegenleistung für die Leistung des anderen Vertragsteils darstellt (Kauf-, Tausch-, Miet-, Pacht-, Dienst-, Werkverträge u. dgl.). Zu den Ansprüchen aus Dienstverträgen gehören auch die von dem Dienstverpflichteten (Angestellten), dem Dienstberechtigten (Arbeitgeber) ausgehändigten Barkautionen. Diese Forderungen (1 bis 6 sowie die aus gegenseitigen

Verträgen) können auf Grund der „Allgemeinen Vorschriften" auch höher als 25 v. H. des Goldmarkbetrags aufgewertet werden. Die Entscheidung trifft, wie unter 2 gesagt, das Gericht im Prozeßwege, wenn nicht die Beteiligten die Zuständigkeit der Aufwertungsstelle vereinbaren.

Die Ansprüche Ziff. 1 bis 4 des § 63 Abs. 2 (1 bis 4 vorstehend) sind dieselben, die nach § 10 Abs. 1 Ziff. 1 bis 4 (Kap. 6) der geringeren oder höheren Aufwertung auch dann unterliegen, wenn sie durch Hypothek gesichert sind. Die dort unter Ziffer 5 genannten Kaufgeldforderungen fallen hier, also wenn sie nicht durch Hypothek gesichert sind, unter die Ansprüche „aus gegenseitigen Verträgen". Sie können also gleichfalls höher aufgewertet werden, weil sie nicht als Vermögensanlagen gelten, und zwar hier — im Gegensatz zu § 10 Nr. 5 — auch dann, wenn sie vor dem 1. Januar 1909 begründet sind. Ueber die Aufwertung entscheidet aber hier nicht die Aufwertungsstelle, sondern das Gericht im Prozeßwege.

Bei Vermögensanlagen und bei den oben unter 1 bis 4 bezeichneten Ansprüchen kann das Gericht, das im Prozeß über die Aufwertung entscheidet, zugleich nach billigem Ermessen über die Fälligkeit und Verzinsung entscheiden. Ueber das aus den §§ 25, 26, 28 AufwG. (Kap. 17 Nr. 1,2, Kap. 18 Nr. 1) ersichtliche Maß hinaus darf jedoch ohne Zustimmung des Gläubigers Stundung oder Zinsermäßigung nicht gewährt werden.

**4.** Ueber die Guthaben bei Fabrik- oder Werksparkassen und Ansprüche an Betriebspensionskassen entscheidet im Streitfalle die Aufwertungsstelle. Die näheren Bestimmungen werden durch die Reichsregierung getroffen. Da diese Sparkassen Privatsparkassen sind, finden die §§ 55 bis 58 AufwG. (Kap. 25) auf sie keine Anwendung. An sich sind es Vermögensanlagen (§ 63 Abs. 1). § 63 Abs. 2 Ziff. 6 bestimmt jedoch, daß sie nicht als solche gelten.

**5.** Ansprüche aus einem **Kontokorrent** oder aus anderer laufender Rechnung, einschließlich der Ansprüche aus dem Postscheckverkehr, werden ohne Rücksicht darauf, ob sie durch Hypothek gesichert sind, unbeschadet anderweitiger Vereinbarungen, nicht aufgewertet. Wird hiernach die Forderung nicht aufgewertet, so wird auch die Hypothek — in Betracht werden wohl nur Höchstbetragshypotheken im Sinne des § 1190 BGB. kommen — nicht aufgewertet.

Handelt es sich um Einlagen des **Arbeitnehmers** bei seinem **Arbeitgeber** oder um Ansprüche der im § 63 Abs. 2 (oben Nr. 3 Ziffer 1 bis 5) bezeichneten Art, so werden sie aufgewertet; es gilt das in Nr. 3 Gesagte. Den Streit über die Aufwertung entscheidet das Gericht im Prozeßwege.

**6. Bankguthaben** (§ 66 AufwG.). Ansprüche aus einem Darlehen oder aus dem darlehensähnlichen sog. uneigentlichen Verwahrungsvertrag (§ 700 BGB.) werden, unbeschadet anderweitiger Vereinbarungen, ohne Rücksicht darauf, ob sie durch Hypothek gesichert sind, nicht aufgewertet, wenn sie sich gegen eine Bank oder ein bankähnliches Unternehmen („ein Unternehmen, dessen Geschäftsbetrieb der Anschaffung und Darleihung von Geld dient") richtet und nicht der Schuldner (die Bank) das Geld vereinbarungsgemäß in wertbeständigen oder aufgewerteten Vermögensgegenständen anzulegen hat.

Diese Vorschrift gilt, wie oben bei Nr. 5 (Kontokorrent), nicht, wenn es sich um eine Einlage eines Arbeitnehmers bei seinem Arbeitgeber (eines Bankangestellten bei der Bank) oder um Ansprüche der im § 63 Abs. 2 (oben Nr. 3 Ziffer 1 bis 5) bezeichneten Art handelt; auch sind die Darlehensansprüche an Banken wie Vermögensanlagen aufzuwerten, wenn sie aus einer einmaligen Geschäftsbeteiligung entstanden sind und als solche mehr als fünf Jahre bestanden haben. Diese Vorschrift bezieht sich nur auf die Fälle, in denen bei Umgründungen und Geschäftsübertragungen usw. Beteiligungen in Darlehen umgewandelt wurden, nicht auf Einlagen auf Sparkassenbücher bei den Banken; diese werden nicht aufgewertet.

Den Streit über die Aufwertung entscheidet das Gericht im Prozeßwege.

**7.** Als **Vermögensanlagen,** auf die der § 63 Abs. 1 (Aufwertung zwar nach den allgemeinen Vorschriften, aber unter Beschränkung auf 25 v. H. des Goldmarkbetrags, Aufwertung trotz Leistung auf Grund Vorbehalts oder Rückwirkung) sind hiernach außer den gedachten „Geschäftsbeteiligungen" insbesondere anzusehen gewöhnliche, nicht durch Hypothek, Bahn- oder Schiffspfandrechte gesicherte Darlehen, bei denen es dem Gläubiger darauf ankommt, sein Geld nutzbar anzulegen (nicht auch Gefälligkeitsdarlehen), Einlagen bei nicht öffentlichen Sparkassen (auch Genossenschaftssparkassen), vgl. auch die Ausnahmen im § 63 Abs. 2 Nr. 6 (Fabrik- und Werksparkassen).

---

# Vierter Teil.

# Allgemeines.

## I. Vergleiche und andere Vereinbarungen über die Aufwertung. Gerichtliche Entscheidungen (§§ 67, 68 AufwG.).

### Kapitel 28.

### **Vergleiche und andere Vereinbarungen** (§ 67 AufwG.).

**1.** Vergleiche, die den Zweck haben, den Streit oder die Ungewißheit über die Höhe des infolge der Geldentwertung zu zahlenden Betrags zu beseitigen, bleiben mit der sich aus Abs. 2 des § 67 (unten Nr. 2) ergebenden Ausnahmen unberührt. Das AufwG. bestimmt dies nur für Vergleiche über Ansprüche, über deren Aufwertung es sich verhält; es sind die in der Einleitung unter Nr. 1 bis 6 bezeichneten sowie die gewöhnlichen Forderungen, die Vermögensanlagen sind (Kap. 26 Nr. 1, 6). Es muß sich aber um einen wirklichen Vergleich über den Streit über die Höhe der Aufwertung handeln. Vereinbarung der Annahme gegen Zahlung eines bestimmten Mehrbetrags (über den Nennbetrag hinaus) kann als ein solcher Vergleich nicht ohne weiteres angesehen werden. Soweit der vereinbarte Aufwertungsbetrag 25 v. H. des Goldmarkbetrags übersteigt, gilt die Vereinbarung als Begründung eines neuen Rechtsverhältnisses; es finden auf den Mehrbetrag die vereinbarten Verzinsungs- und Zahlungsbedingungen Anwendung, nicht die Erleichterung aus § 28 AufwG. (Kap. 17 Nr. 1). Betrifft der Vergleich eine Hypothek, Grundschuld, Rentenschuld oder Reallast oder ein Schiffs- oder Bahnpfandrecht, so hat der 25. v. H. des Goldmarkbetrages übersteigende Betrag nicht den bisherigen Rang; auch im übrigen findet der § 6 AufwG. (Kap. 3) keine Anwendung auf den Mehrbetrag. Diese Einschränkungen in der Wirkung eines Vergleichs gelten auch für Vereinbarungen, die in Zukunft getroffen werden.

**2.** In der Zeit vom 15. Juni 1922 bis zum 14. Februar 1924 geschlossene Vergleiche[1]) stehen der Anwendung des Aufwertungsgesetzes nicht entgegen. Trotz des Vergleichs findet bei Hypotheken Aufwertung sowohl dann statt, wenn die Leistung noch nicht bewirkt ist, als auch, wenn sie nach dem 14. Juni 1922 ohne Vorbehalt angenommen worden ist. Auch die Vorschriften über die Eintragung des Aufwertungsbetrags an der bisherigen Stelle (§ 6 AufwG., Kap. 3) und die Wiedereintragung einer gelöschten Hypothek usw. (Kap. 14 bis 16) finden Anwendung. Eine Ausnahme macht das Gesetz (§ 67 Abs. 2 Satz 2) für den Fall, daß der Gläubiger Kaufmann ist und den Vergleich im Betrieb seines Handelsgewerbes geschlossen hat.

### Kapitel 29.

### **Gerichtliche Entscheidungen** (§ 68 AufwG.).

**1.** Ist die Aufwertung von Ansprüchen durch rechtskräftige gerichtliche Entscheidung geregelt, so behält es dabei mit den sich aus Abs. 2 des § 68 (unten Nr. 2) ergebenden Ausnahmen sein Bewenden. Das Gesetz bestimmt dies nur für die Ansprüche, über deren Aufwertung es sich verhält, nämlich die in der Einleitung unter 1 bis 6 bezeichneten und die gewöhnlichen Forderungen, die Vermögensanlagen darstellen (Kap. 19). Eine Entscheidung „über die Aufwertung" liegt aber nicht vor, wenn der Gläubiger gegen Zahlung des Nennbetrags zur Erteilung der Löschungsbewilligung verurteilt ist.

---

[1]) Ueber die nach dem 13. Februar 1924 geschlossenen Vergleiche siehe Kap. 33.

2. Die rechtskräftige Entscheidung steht der Anwendung der Vorschriften der §§ 15 bis 24 AufwG. (Kap. 9 bis 16) über die Aufwertung kraft Rückwirkung nicht entgegen. Es kommt also darauf an, ob der Hypotheken- (Grundschuld-)Gläubiger die Leistung nach dem 14. Juni 1922 angenommen hat. Darauf, wann die gerichtliche Entscheidung erlassen oder rechtskräftig geworden ist, kommt es nicht an. Liegt hiernach die Voraussetzung für die Aufwertung kraft Rückwirkung vor, so gelten auch die Vorschriften über die Anmeldung (§ 13 AufwG., oben Kap. 10), über die Aufwertung auch für den früheren Gläubiger (wenn dieser die Zahlung nach dem 14. Juni 1922 angenommen hat), über die Anrechnung von Zahlungen (Kap. 12) und über die Wiedereintragung gelöschter Hypotheken (Kap. 14) usw.

## II. Aufwertungsverfahren.

### Kapitel 30.

### Aufwertungsstelle. Örtliche Zuständigkeit.

1. Aufwertungsstelle ist das Amtsgericht (Verordnung vom 21. Juli 1925, RGBl. I. S. 154). Von der Befugnis, andere Behörden zu bestimmen, ist in Preußen kein Gebrauch gemacht.

Oertlich zuständig ist, wenn es sich um Hypotheken, Schiffs- und Bahnpfandrechte, einschließlich der durch sie gesicherten persönlichen Forderungen, um Grundschulden, Rentenschulden oder Reallasten handelt, das Amtsgericht, in dessen Bezirk das Grundbuch, das Schiffsregister oder das Bahngrundbuch geführt wird; in Preußen, wo Grundbuch und Schiffsregister bei den Amtsgerichten geführt wird, das Amtsgericht, bei dem es geführt wird.

Besteht eine Gesamtbelastung und wird das Grundbuch, das Schiffsregister oder das Bahngrundbuch über die belasteten Grundstücke usw. bei verschiedenen Amtsgerichten geführt, so bleibt dasjenige Amtsgericht, welches zuerst angegangen ist, auch für die Entscheidung über die Aufwertung hinsichtlich der mitbelasteten, im Bezirke eines anderen Amtsgerichts belegenen Grundstücke zuständig.

2. In allen anderen Fällen (wenn es sich um nicht Hypotheken usw. handelt) ist das Amtsgericht zuständig, bei dem der Schuldner seinen allgemeinen Gerichtsstand hat.[1]). Dasselbe gilt für die Aufwertung der durch Hypothek, Schiffs- oder Bahnpfandrecht gesicherten Forderung, wenn das Grundbuch, Schiffsregister oder Bahngrundbuch nicht im Inland geführt wird (insbesondere also für die abgetretenen Gebiete). Hat der Schuldner im Inland keinen allgemeinen Gerichtsstand, so ist das Amtsgericht zuständig, in dessen Bezirk sich sein Vermögen ganz oder teilweise befindet. Sind mehrere Schuldner beteiligt und ist nach diesen Vorschriften ein gemeinschaftlicher Gerichtsstand nicht begründet, so wird das zuständige Amtsgericht durch das gemeinschaftliche obere Gericht und, falls dieses das Reichsgericht ist, durch dasjenige Oberlandesgericht bestimmt, zu dessen Bezirk das zuerst angegangene Gericht gehört.

### Kapitel 31.

### Sachliche Zuständigkeit der Aufwertungsstelle (Tätigkeitskreis).

1. Gesetzliche Zuständigkeit. Die Aufwertungsstelle ist berufen, und zwar unter Ausschließung des ordentlichen Rechts- (Klage-)weges, den Streit darüber

[1]) Der allgemeine Gerichtsstand einer Person wird durch ihren Wohnsitz bestimmt (§ 13 der Zivilprozeßordnung), für Personen, die keinen Wohnsitz haben, durch den Aufenthaltsort im Deutschen Reich und, wenn ein solcher nicht bekannt ist, durch den letzten Wohnsitz (§ 16 a.a.O.). Gemeinden, Gemeindeverbände, Gesellschaften, Genossenschaften, Vereine usw. haben ihren Gerichtsstand an ihrem Sitze. Als Sitz gilt, wenn nicht etwas anderes erhellt, der Ort, wo die Verwaltung geführt wird (§ 17 a. a. O.). Der allgemeine Gerichtsstand des (Reichs- und Landes-)Fiskus wird durch den Sitz der Behörde bestimmt, die berufen ist, den Fiskus in dem Verfahren zu vertreten (§ 18 a. a. O.).

zu entscheiden, in welcher Höhe Ansprüche der in den §§ 4 bis 54 AufwG bezeichneten Art aufzuwerten sind. Dies gilt:

a) für Hypotheken, Grundschulden, Rentenschulden, Reallasten, Bahn- und Schiffspfandrechte sowie die durch Hypotheken oder Bahn- und Schiffspfandrechte gesicherten Forderungen (Kap. 1 bis 29); dies gilt auch für den Fall, daß sich die Höhe der Aufwertung, der durch Hypothek, Schiffs- oder Bahnpfandrecht gesicherten Forderung nach den allgemeinen Vorschriften bestimmt (§ 10 AufwG., Kap. 6 Nr. 2 ff.);
b) für Industrieobligationen und verwandte Schuldverschreibungen (Kap. 22);
c) für Ansprüche aus Pfandbriefen u. dgl. (Kap. 23);
d) für Schuldverschreibungen von Genossenschaften des öffentlichen Rechtes (Kap. 24).

Die Aufwertungsstelle entscheidet nur, wenn Streit über die Höhe der Aufwertung besteht; darüber, ob ein Anspruch, dessen Aufwertung in Frage käme, überhaupt besteht, ob bei Leistung vor dem 15. Februar 1922 ein Vorbehalt der Rechte erfolgt ist, oder darüber, ob die Leistung erst nach dem 14. Juni 1922 bewirkt ist, ob also Aufwertung kraft Rückwirkung stattfindet, entscheidet die Aufwertungsstelle nur dann, wenn die Beteiligten ihre Zuständigkeit vereinbaren.

Da die Zuständigkeit der Aufwertungsstelle über die Härtevorschriften der §§ 8, 15, 34 und 52 in § 70 (unten Nr. 3 b) besonders genannt ist, wird es sich hier (bei § 69) in der Hauptsache um die höhere oder geringere Aufwertung der durch Hypothek, Schiffs- oder Bahnpfandrecht gesicherten persönlichen Forderung unter Abweichung von dem normalen Höchstsatz handeln, für die der § 10 (Kap. 7) und die §§ 63 bis 66 (Kap. 27) eine solche Abweichung zulassen. Ueber den Streit über den Tag des Erwerbes kann die Aufwertungsstelle insofern entscheiden, als davon die Höhe des Goldmarkbetrags, der der Aufwertung zugrunde zu legen ist, abhängt, ebenso über den Tag der Leistung, soweit davon der Goldmarkbetrag, der auf den Aufwertungsbetrag anzurechnen ist (Kap. 12), abhängt.

**2.** Die Aufwertungsstelle ist ferner zuständig (§ 70 AufwG.):

1. für die Ermittelung des Wehrbeitragswertes im Falle des § 7 Abs. 2 (Kap. 4 Nr. 2 Fußnote);
2. für die Entscheidung über die Härtevorschriften
   a) des § 8 (Herabsetzung des Aufwertungsbetrags einer Hypothek, Grundschuld, Rentenschuld, Reallast oder eines Schiffs- oder Bahnpfandrechts) — Frist bis einschl. 31. März 1926; vgl. Kap. 5;
   b) des § 15 (Entscheidung, daß die Rückwirkung kraft Gesetzes ganz oder zum Teil nicht stattfindet — siehe Muster 17 unten S. 45.
   c) des § 34 (Herabsetzung der Aufwertung von Industrieobligationen u. dgl. — Frist bis einschl. 31. März 1926, vgl. Kap. 22;
   d) des § 52 (Herabsetzung der Aufwertung aus Schuldverschreibungen von Genossenschaften des öffentlichen Rechts — Frist bis einschl. 31. März 1926, vgl. Kap. 24;
3. über die Aufteilung einer Gesamthypothek im Falle des § 23 (Kap. 16 Nr. 5);
4. über die Gewährung von Teilzahlungen (§ 26, vgl. Kap. 17 Nr. 2) oder die Verpflichtung zu vorzeitiger Leistung (§ 27, vgl. Kap. 17 Nr. 3);
5. über die Höhe der Aufwertung von Guthaben bei Fabrik- und Werksparkassen und der Ansprüche an Fabrikpensionskassen (§ 64);
6. über die Erhöhung von Tilgungsbeträgen (§ 29, vgl. Kap. 18 Nr. 2);
7. über die Gewährung von Teilzahlungen usw. für die Aufwertungsbeträge aus Industrieobligationen usw. (Kap. 22, § 36 AufwG.).

**3.** Die Zuständigkeit der Aufwertungsstelle kann ferner vereinbart werden (§ 71):

a) für die Entscheidung über die Frage, ob ein nach den Vorschriften des Aufwertungsgesetzes aufgewerteter Anspruch besteht; vgl. auch oben Nr. 1;
b) für andere mit der Aufwertung zusammenhängende Ansprüche, auf die sich die Vorschriften der §§ 1 bis 54 und § 64 AufwG. nicht erstrecken.

**4.** Die Aufwertungsstelle ist ferner zuständig zur **Entgegennahme von Anmeldungen**, und zwar:

1. Anmeldung des Anspruchs auf Aufwertung auf Grund Vorbehalts oder kraft Rückwirkung (§§ 14, 15 AufwG., vgl. Kap. 8, 9) — Frist bis einschl. 31. Dezember 1925 (§ 16 AufwG., vgl. Kap. 10);
2. Anmeldung eines früheren Gläubigers, daß er Aufwertung kraft Vorbehalts oder Rückwirkung verlange (§ 15 AufwG., vgl. Kap. 11);

— zu 1 und 2 vorstehend bei Hypotheken, Grundschulden, Rentenschulden, Reallasten, Schiffs- und Bahnpfandrechten sowie den durch Hypothek oder Bahn- oder Schiffspfandrecht gesicherten Forderungen, dies auch insoweit, als Aufwertung für Ansprüche verlangt wird, die nach dem 13. Februar 1924 getilgt sind (§ 78 AufwG., Kap. 33).

## Kapitel 32.

### **Verfahren vor der Aufwertungsstelle** (§§ 73 bis 76 AufwG.).

**1.** Allgemeines (§ 73). Auf das Verfahren finden, soweit nicht ein anderes bestimmt ist, die Vorschriften des Reichsgesetzes über die freiwillige Gerichtsbarkeit Anwendung. Die Reichsregierung kann die Bestimmungen treffen, die sie zum Zwecke der Anpassung an die besonderen Bedürfnisse für das Aufwertungsverfahren für nötig erachtet. Solche Bestimmungen sind bereits in der Verordnung vom 21. Juli 1925, RGBl. I S. 154 getroffen.

Anträge können schriftlich (ohne Anwaltszwang) oder mündlich bei der Aufwertungsstelle (Amtsgericht) oder auch bei einem anderen Amtsgericht angebracht werden; dieses sendet das aufgenommene Protokoll dann an das zuständige Amtsgericht (Aufwertungsstelle). Es ist jedoch zu beachten, daß die Anträge und Anmeldungen, die an eine Frist gebunden sind, innerhalb der Frist bei der Aufwertungsstelle eingehen müssen.

Auf die weitere Gestaltung des Verfahrens bei der Aufwertungsstelle kann hier nicht eingegangen werden.

**2.** Rechtsmittel. Gegen die Entscheidungen der Aufwertungsstelle ist Beschwerde zulässig. Ueber sie entscheidet das Landgericht, in dessen Bezirk das Amtsgericht, das Aufwertungsstelle ist, seinen Sitz hat. Die Beschwerde ist die sog. sofortige Beschwerde, die im Gegensatz zu der einfachen Beschwerde an eine Frist gebunden ist. Sie ist binnen einer Frist von zwei Wochen einzulegen. Die Frist beginnt mit dem Zeitpunkt, in der dem Beschwerdeführer die Entscheidung zugestellt oder mündlich zu Protokoll bekanntgemacht ist. Bei Versäumung kann unter gewissen Voraussetzungen Wiedereinsetzung in den vorigen Stand gewährt werden. Mit der Beschwerde können neue Tatsachen und Beweismittel geltend gemacht werden. Die Beschwerde kann schriftlich (ohne Anwaltszwang) eingereicht oder mündlich bei der Aufwertungsstelle oder bei dem Landgericht oder bei einem anderen Amtsgericht zu Protokoll erklärt werden.

Gegen die Entscheidung des Beschwerdegerichts (Landgerichts) ist die sofortige weitere Beschwerde zulässig, über sie entscheidet das Oberlandesgericht, in Preußen allgemein das Kammergericht in Berlin. Die weitere Beschwerde kann durch Einreichung einer von einem Rechtsanwalt unterschriebenen Beschwerdeschrift oder mündlich zu Protokoll bei der Aufwertungsstelle, bei dem Landgericht oder bei dem Kammergericht zu Protokoll des Gerichtsschreibers eingelegt werden, nicht aber zu Protokoll bei einem anderen Amtsgericht. Bei schriftlicher Einreichung bedarf es der Zuziehung eines Rechtsanwalts nicht, wenn die Beschwerde von einer Behörde oder von einem Notar eingelegt wird, der in der Angelegenheit für den Beschwerdeführer einen Antrag bei der Aufwertungsstelle gestellt hat. Die weitere Beschwerde kann nur auf Verletzung des Gesetzes gestützt werden, d. h. es muß geltend gemacht werden, daß eine Rechtsnorm nicht oder nicht richtig angewendet worden ist. Das Bestreiten von Tatsachen, die in der Vorinstanz als festgestellt angenommen worden sind, die Geltendmachung neuer Tatsachen und Beweismittel hat regelmäßig keinen Zweck.

Wo der Aufwertungsstelle und damit dem Beschwerdegericht ein Ermessen gewährt ist, kann mit der weiteren Beschwerde im allgemeinen auch nicht geltend gemacht werden, daß dieses Ermessen unbillig gehandhabt sei, insbesondere unterliegt kraft ausdrücklicher Vorschrift die Frage, ob die Härtevorschriften (§ 8 Abs. 1, § 15, § 34, § 52 AufwG.) richtig angewandt sind, nicht der Nachprüfung des Oberlandesgerichts (Kammergerichts).

Mit Einwilligung des Gegners kann der Beschwerdeführer schon gegen die Entscheidung der Aufwertungsstelle weitere sofortige Beschwerde einlegen, also unter Umgehung des Landgerichts. Die Einwilligung muß der weiteren Beschwerde beigefügt werden. Ein solches Verfahren empfiehlt sich nur, wenn nur über einen Zweifel über die Auslegung einer Gesetzesvorschrift zu entscheiden ist.

3. Rechtskraft und Vollstreckbarkeit. Rechtskräftig wird die Entscheidung, wenn nicht fristgerecht Beschwerde oder weitere Beschwerde eingelegt wird, mit dem Ablaufe der Frist. Die Entscheidungen des Oberlandesgerichts (Kammergerichts) werden mit ihrer Erlassung (Zustellung) rechtskräftig und voll wirksam.

Die rechtskräftige Entscheidung ist für die Gerichte (auch im Prozesse) und für die Verwaltungsbehörden bindend. Die Zwangsvollstreckung findet im allgemeinen aus ihnen nicht statt, weil in dem Verfahren nur über die Höhe der Aufwertung usw., nicht auch darüber entschieden wird, ob der aufgewertete Anspruch in Wirklichkeit besteht. Aus der rechtskräftigen Entscheidung über die Kosten des Verfahrens sowie aus einem vor der Aufwertungsstelle abgeschlossenen Vergleich findet aber die Zwangsvollstreckung nach den Vorschriften der Zivilprozeßordnung statt. Die Festsetzung der einer Partei von der anderen zu erstattenden Kosten erfolgt durch die Aufwertungsstelle.

Die Zwangsvollstreckung findet auch im übrigen aus der rechtskräftigen Entscheidung statt, für die die Zuständigkeit der Aufwertungsstelle vereinbart war.

4. Kosten. Die Aufwertungsstelle erhebt eine Gebühr, deren Höhe sich nach dem Streitgegenstand richtet. Die Gebühr wird durch die Oberste Landesbehörde bestimmt.

5. Die Aufwertungsstelle stellt auf Antrag Bescheinigungen darüber aus, ob bei ihr bis zum 1. Januar 1926 ein Anspruch auf Aufwertung angemeldet ist (s. Kap. 30 a. E.) oder bis zum 1. April 1926 ein Antrag der oben in Kap. 30 Nr. 2 Ziff. 2 a, d, e bezeichneten Art oder auf geringere oder höhere Aufwertung der durch Hypothek, Schiffs- oder Bahnpfandrecht gesicherten persönlichen Forderung nach allgemeinen Vorschriften (§§ 10, 12, 32 AufwG.) gestellt ist. Die Bescheinigungen sind gebührenfrei.

## III. Aufwertung bei Leistung nach dem 13. Februar 1924 (§ 78 AufwG.).

### Kapitel 33.

1. Das Aufwertungsgesetz stellt sich äußerlich wie innerlich nicht als eine bloße Abänderung der III. Steuernotverordnung dar, es regelt vielmehr die Aufwertung gänzlich neu. Es ist so zu lesen, als hätte eine frühere Rechtsnorm über die Aufwertung nicht bestanden. Gewisse Abweichungen waren notwendig; sie sind im Gesetze getroffen. Die Ansprüche, deren Aufwertung das AufwG. behandelt, werden nach Maßgabe dieses Gesetzes aufgewertet, unbekümmert darum, daß sie schon einmal durch die III. Steuernotverordnung aufgewertet waren. Soweit diese Aufwertung mit der des neuen Gesetzes übereinstimmt, bleiben sie aufgewertet; soweit die Aufwertung nach dem neuen Gesetz weitergeht, ist das neue Gesetz für den ganzen nach seinen Vorschriften zu berechnenden Aufwertungsbetrag maßgebend, so daß die III. Steuernotverordnung für ihn gänzlich beiseite geschoben wird.

2. Hat ein Gläubiger seit dem Inkrafttreten der III. StNotVO. — also nach dem 13. Februar 1924 — die Leistung (den damaligen Aufwertungsbetrag) angenommen, so findet trotzdem Aufwertung nach Maßgabe des neuen Gesetzes statt. Der Aufwertungsbetrag erhöht sich bei Hypotheken usw. regelmäßig von 15 v. H. auf 25 v. H. des Goldmarkbetrags. Ein kleiner Unterschied ergibt sich auch daraus, daß das Umrechnungsverhältnis (Anlage zum AufwG.) nicht ganz

genau dem Verhältnisse des Dollars zur Mark entspricht, das die III. StNotVO. zugrunde gelegt hatte. — Ob die Leistung unter Vorbehalt oder ohne solche angenommen worden ist, macht keinen Unterschied, ebensowenig, ob sie auf Grund einer gerichtlichen Entscheidung angenommen worden ist. Es können auch da, wo bisher eine höhere Aufwertung nach allgemeinen Vorschriften durch die Aufwertungsstelle nicht möglich war, jetzt aber möglich ist (z. B. bei den durch Hypothek gesicherten Kaufgeldforderungen aus der Zeit vom 1. Januar 1909 bis 31. Dezember 1918), Anträge auf höhere Aufwertung gestellt werden. Die erfolgte Zahlung ist auf den errechneten Aufwertungsbetrag anzurechnen. In der Regel erhält der Gläubiger eine Nachaufwertung von 10 v. H. Diese Aufwertung erhält der Gläubiger auch dann, wenn er die Zahlung nach dem 13. Februar 1924 auf Grund eines vor dem 14. Februar 1924 abgeschlossenen Vergleichs angenommen hat. Ist aber ein Vergleich nach dem 13. Februar 1924 geschlossen worden — mag inzwischen Zahlung erfolgt sein oder nicht —, so bleibt er unberührt; die Ausnahme, die § 67 AufwG. macht, trifft nicht zu; nur Vergleiche, die in der Zeit vom 15. Juni 1922 bis zum 14. Februar 1924 geschlossen sind, stehen der Aufwertung nicht entgegen. Hat aber unter den Parteien kein Streit oder keine Ungewißheit über die Höhe der Aufwertung bestanden, der im Wege des gegenseitigen Nachgebens beseitigt werden sollte, so liegt kein Vergleich vor (vgl. § 779 BGB.). Eine Vereinbarung z. B., daß der Schuldner statt 15 v. H. (Aufwertung der III. StNotV.) am Fälligkeitstage (1. Januar 1932) alsbald 10 v. H. zahlen solle, ist kein Vergleich und hindert deshalb die Mehraufwertung nicht (Mügel Anm. 2 zu § 67).

3. Keine besondere (Zusatz-)Aufwertung erhält der, der die Hypothek usw. nach dem 13. Februar 1924 abgetreten hat; sie wird ja für den neuen Gläubiger so aufgewertet, als hätte er sie mit dem Zeitpunkt erworben, in dem sein Veräußerer (der frühere Gläubiger) sie erworben hat (§ 2 Abs. 1 Satz 3 AufwG., oben Kap. 2 Nr. 3 am Ende). Nicht ganz so zweifellos dürfte dies sein hinsichtlich des Mehrbetrags, der sich aus der Hinaufsetzung des Aufwertungsgesetzes von 15 v. H. auf 25 v. H. ergibt. A hat eine Hypothek von 100 000 Mark 1910 erworben und sie am 16. Juli 1924 an B abgetreten. Hätte A sie behalten, so wäre sie für ihn auf 25 000 GM. aufgewertet. Hätte der Eigentümer oder der persönliche Schuldner den Aufwertungsbetrag der III. StNotVO. (15 000 GM.) gezahlt, so hätte A eine Nachaufwertung von 10 000 GM zu fordern. B wird dem A nur 15 000 GM. für die Abtretung gezahlt haben. Sollen die überschießenden 10 000 GM. trotzdem dem B zufallen? Dem Rechtsempfinden entspricht dies nicht. Aber der § 4 beschränkt die Aufwertung für B nicht auf 15 v. H., und § 78 gibt dem B eine weitere Aufwertung (von 10 v. H.), wenn er den früheren Aufwertungsbetrag (15 v. H.) inzwischen erhalten hat. Deshalb kann nicht auch für A aufgewertet werden. Aussicht auf höhere Aufwertung war auch schon lange vorhanden; A hätte nicht für 15 000 GM. abtreten sollen.

4. Für den sich aus der neuen Regelung ergebenden Mehrbetrag, den der Gläubiger nunmehr nachzufordern berechtigt ist (oben Nr. 2), gilt der § 16 AufwG. (Kap. 10) über die Anmeldungspflicht (auch wenn die Hypothek noch nicht gelöscht ist) — Frist bis 31. Dezember 1925 —, der § 18 (Kap. 12) über die Anrechnung von Zahlungen und die §§ 19 bis 24 (Kap. 13 bis 16), insbesondere die über die Wiedereintragung des Mehrbetrags, wenn die Hypothek bereits gelöscht ist.

## IV. Fremdenrecht.

### Kapitel 34.

Der § 86 AufwG. gibt der Reichsregierung die Ermächtigung, die Aufwertung gegenüber Angehörigen eines fremden Staates abweichend zu regeln oder ganz auszuschließen, wenn der fremde Staat deutsche Reichsangehörige ungünstiger behandelt als seine eigenen Angehörigen oder wenn nach deren Recht überhaupt nicht aufgewertet wird.

## V. Internationale Vereinbarungen.

Kapitel 35.

Rechte, Ansprüche und Befugnisse, die auf internationalen Vereinbarungen oder den zu ihrer Durchführung erlassenen Gesetzen beruhen, oder die zu Erfüllung von Verpflichtungen aus solchen Vereinbarungen begründet sind, bleiben unberührt. Gedacht ist in erster Linie an die sog. schweizerischen Goldhypotheken (Abkommen vom 6. Dezember 1920, SGH. 2023, und Zusatzabkommen vom 25. März 1923, RGBl. Teil II 284). An der auf Grund dieser Abkommen getroffenen Regelung wird durch das Aufwertungsgesetz nichts geändert.

---

# Muster zu Anmeldungen und Anträgen.

1. **Anmeldung des Aufwertungsanspruchs** (§ 16 Abs. 1 AufwG., oben Kap. 8 bis 10)[1])
— Frist bis Ende 1925 —.

(Das Allerwichtigste, was ein Hypothekengläubiger vor dem 1. Januar 1926 zu tun hat, wenn seine Hypothek zurückgezahlt ist, mag sie gelöscht oder noch eingetragen sein.)

An das Amtsgericht (Aufwertungsstelle) in D.

Im Grundbuche von D Band 10 Blatt 400 — ist — war — für mich in Abteilung III unter Nr. 1 eine Hypothek für eine Darlehensforderung von 100 000 Mark eingetragen. Erwerb durch mich bei der Begründung 1910. Der Eigentümer Joseph Schmitz, wohnhaft in D, Breitestraße 44,[2]) der zugleich Schuldner der Forderung war, hat mir das Geld in Papiermark am 10. Juni 1922 zurückgezahlt. Ich habe mir meine Rechte vorbehalten[3]). Ich verlange Aufwertung der Hypothek und der persönlichen Forderung in Höhe von 25 000 Goldmark abzüglich des Goldwertes der Zahlung mit 1 520 GM., also restlich 23 480 GM. und melde dies hiermit an[4]).

(Ort, Wohnung, Tag, Unterschrift.)

---

[1]) Es empfiehlt sich, die Anmeldungen und Anträge in zwei Stücken einzureichen, also eine Abschrift beizufügen.

[2]) Angabe der genauen Anschrift ist notwendig. Ist der Eigentümer oder der von ihm verschiedene persönliche Schuldner gestorben, so genügt es nicht, zu sagen: „Erben des N.N." vielmehr müssen diese und, wenn sie minderjährig sind, auch ihre gesetzlichen Vertreter genau bezeichnet werden, weil ihnen die Anmeldung von der Aufwertungstelle zugestellt werden muß.

[3]) Bei Zahlung nach dem 14. Juni 1922 fällt dieser Satz fort.

[4]) Ist die Hypothek bereits gelöscht, so wird zweckmäßig zugefügt:

„Die Hypothek ist bereits gelöscht. Ich habe heute bei dem dortigen Amtsgericht (Grundbuchamt) die Eintragung eines Widerspruchs beantragt". Anmeldung und Antrag (zu 2) können in einem Briefumschlag mit der Aufschrift „An das Amtsgericht in D" versandt werden. Die Annahmestelle leitet sie an die richtigen Abteilungen weiter.

**2. Antrag des Gläubigers auf Eintragung eines Widerspruchs bei einer gelöschten Hypothek** (§ 16 Abs. 2 Satz 2 AufwG., oben Kap. 10 Nr. 2)[1])

— Keine Frist, Verzögerung aber nicht anzuraten —.

An das Amtsgericht (Grundbuchamt) in D.

Bei der dortigen Aufwertungsstelle habe ich angemeldet, daß ich Aufwertung der auf dem Grundstücke Grundbuch von D Band 10 Blatt 400 für mich eingetragen gewesenen, aber gelöschten Hypothek Abt. III Nr. 1 von 100 000 Mark — Eigentümer des Grundstücks: Joseph Schmitz in D, Breitestraße 44 — in Höhe von 23 480 GM. verlange. Ich beziehe mich auf diese Anmeldung und beantrage, meinen Anspruch auf Wiedereintragung der Hypothek durch Eintragung eines Widerspruchs zu sichern.

(Ort, Wohnung, Tag, Unterschrift.)

**3. Einspruch gegen die Anmeldung in Muster 1** (§ 16 Abs. 1 Satz 3 AufwG., oben Kap. 10 Nr. 1)

— Frist 3 Monate, beginnend mit dem Tage, an dem die Anmeldung (Muster 1) dem Eigentümer (Schuldner) von der Aufwertungsstelle zugestellt ist —.

An das Amtsgericht (Aufwertungsstelle) in D.

Gegen die Anmeldung des Anspruchs des . . . . . . . auf Aufwertung der im Grundbuche von D Blatt 400 — (eingetragenen — eingetragen gewesenen — Hypothek von 100 000 Mark erhebe ich hiermit Einspruch. Es ist nicht richtig, daß der Gläubiger sich seine Rechte vorbehalten hat.[2])

(Ort, Wohnung, Tag, Unterschrift.)

**4. Antrag des Eigentümers auf Eintragung eines Widerspruchs bei einer noch nicht gelöschten Hypothek** (§ 16 Abs. 3 AufwG., oben Kap. 10 Nr. 2)

— Keine Frist, Verzögerung aber nicht anzuraten —.

An das Amtsgericht (Grundbuchamt) in D.

Im Grundbuche . . . . . . . . ist auf meinem Grundstück für den . . . . . . . eine Hypothek von 100 000 Mark eingetragen. Ich habe laut beigefügter notariell beglaubigter Quittung die 100 000 Mark am 10. Juni 1922 zurückgezahlt. Der Gläubiger hat die Leistung ohne Vorbehalt angenommen [3]); Aufwertung findet nicht statt. Ich beantrage Eintragung eines Widerspruchs gemäß § 16 Abs. 3 AufwG.

(Ort, Wohnung, Tag, Unterschrift.)

**5. Anmeldung des Aufwertungsverlangens eines früheren Gläubigers, der die Hypothek abgetreten hat** (§ 17 AufwG., oben Kap. 11 Nr. 3)

— Frist bis 1. Dezember 1925 —.

An das Amtsgericht (Aufwertungsstelle) in D.

Im Grundbuche von . . . . Band . . . . Blatt . . . . war für mich unter Abt. III Nr. . . . eine Hypothek von 100 000 Mark seit dem 1. August 1912 ein-

[1]) Dieser Antrag ist nur zu stellen, wenn die Hypothek bereits gelöscht ist, wenn also im Muster 1 das Wort „war" stehen zu lassen und das Wort „ist" zu durchstreichen ist.

[2]) Eine Begründung des Einspruchs ist zwar nicht vorgeschrieben, aber empfehlenswert. Aus der obigen Begründung ersieht man, daß der Eigentümer-Schuldner den Anspruch auf Aufwertung überhaupt bestreitet, und daß deshalb über ihn im Prozeßwege zu entscheiden ist. Anders wäre es, wenn nur die Höhe des Aufwertungsbetrages streitig wäre; dann würde die Aufwertungsstelle entscheiden. Weitere Fälle siehe unter Muster 15 bis 17.

[3]) Wäre die Quittung etwa nach dem 14. Juni 1922 ausgestellt, so würde zuzusetzen sein: „Die Quittung ist zwar erst am 16. Juni 1922 ausgestellt; in Wirklichkeit ist die Leistung am 10. Juni 1922 bewirkt." Diese Behauptung genügt zur Eintragung des Widerspruchs. Vorlegung des Hypothekenbriefs ist nicht erforderlich.

getragen. Eigentümer des Grundstücks und persönlicher Schuldner ist der N.N. in O. Ich habe diese Hypothek am 10. Juni 1922 an den ...... in ....... abgetreten. Als Gegenleistung habe ich von diesem 100 000 Papiermark erhalten, habe mir aber meine Rechte vorbehalten. Die Hypothek ist noch auf den Namen des genannten ......... eingetragen[1]). Ich verlange Aufwertung der Hypothek und der persönlichen Forderung in Höhe von 25 000 Goldmark abzüglich des Goldwertes der erhaltenen Zahlung mit 1520 GM., also in Höhe von 23 480 GM. Dies melde ich an.

(Ort, Wohnung, Tag, Unterschrift.)

**6. Antrag zu 5 auf Eintragung eines Widerspruchs** (§ 17 Schlußsatz AufwG.. oben Kap. 11 Nr. 3)

— Keine Frist, Verzögerung aber nicht anzuraten —.

An das Amtsgericht (Grundbuchamt) in D.

Im Grundbuche .... (wie Beispiel 5 bis einschließlich „vorbehalten"). Dann weiter: Die Hypothek ist — noch auf den Namen des ..... eingetragen — die Hypothek ist inzwischen gelöscht —. Ich habe heute mein Aufwertungsverlangen bei der dortigen Aufwertungsstelle angemeldet. Ich beziehe mich darauf und beantrage, meinen Anspruch auf Wiedereintragung der Hypothek auf meinen Namen in der genannten Höhe durch Eintragung eines Widerspruchs zu sichern.

(Ort, Wohnung, Tag, Unterschrift.)

**7. Anmeldung des Aufwertungsverlangens, wenn die Leistung nach dem 13. Februar 1924 bewirkt ist** (§ 78 in Verb. mit § 16 AufwG., oben Kap. 33 Nr. 4)

— Frist bis 31. Dezember 1925 —.

An das Amtsgericht (Aufwertungsstelle) in D.

Im Grundbuch von .... Band ... Blatt ... war für mich unter Abt. III Nr. ... eine Hypothek von 100 000 Mk. eingetragen. Eigentümer des Grundstückes und zugleich persönlicher Schuldner ist der N. N. in O. Tag der Eintragung und Tag des Erwerbes durch mich war der 4. Juni 1920. Nach der Dritten Steuernotverordnung wurde die Hypothek auf (10 306,70 GM., davon 15 v. H. =) 1 546 GM. aufgewertet. Diese Aufwertung wurde am 20. Juni 1924 in das Grundbuch eingetragen. Am 14. Dezember 1924 zahlte mir der Eigentümer, der zugleich der persönliche Schuldner ist, diese 1 546 GM. aus. Ich verlange nunmehr Aufwertung der Hypothek und der persönlichen Forderung nach Maßgabe des Aufwertungsgesetzes.

| | |
|---|---|
| Der Goldmarkbetrag war nach ihm am 4. Juni 1920 .... | 10 320 GM. |
| Die Aufwertung davon ist (25 v. H.) .......... | 2 580 „ |
| Nach Abzug der geleisteten Zahlung mit ........ | 1 546 „ |
| habe ich noch zu beanspruchen ......... | 1 034 GM. |

Ich melde den Anspruch auf Aufwertung hiermit an.[2])

(Ort, Wohnung, Tag, Unterschrift.)

---

[1]) Dieser Satz fällt fort, wenn die Hypothek inzwischen gelöscht ist; er ändert ich, wenn die Hypothek von dem genannten neuen Gläubiger weiter abgetreten ist.

[2]) Ist die Hypothek bereits gelöscht, so kann zugesetzt werden: „Die Hypothek ist gelöscht. Ich habe heute bei dem dortigen Grundbuchamt die Eintragung eines Widerspruchs beantragt."

Ist die Hypothek auf den Namen des Eigentümers umgeschrieben, so kann zugesetzt werden: „Der Eigentümer X hat die Hypothek als Grundschuld auf seinen Namen umschreiben lassen. Ich habe heute beim Grundbuchamt die Eintragung eines Widerspruchs beantragt."

**8. Antrag auf Eintragung eines Widerspruchs (zu Nr. 7)**, vgl. § 78 AufwG., oben Kap. 32 Nr. 4

— Keine Frist, Verzögerung aber nicht anzuraten —.

An das Amtsgericht (Grundbuchamt) in D.

Im Grundbuch ..... (wie Beispiel 7 bis „Ich melde". Statt dessen:) Die Hypothek ist — gelöscht — als Grundschuld auf den Namen des Eigentümers umgeschrieben —. Ich habe den Anspruch auf Aufwertung heute bei der dortigen Aufwertungsstelle angemeldet. Unter Bezugnahme auf diese Anmeldung beantrage ich, meinen Anspruch auf Wiedereintragung der Hypothek auf meinen Namen in Höhe von 1034 GM. durch Eintragung eines Widerspruchs zu sichern.

(Ort, Wohnung, Tag, Unterschrift.)

**9. Antrag des Gläubigers auf Eintragung der Aufwertung, wenn die Hypothek noch nicht gelöscht, auch Zahlung noch nicht erfolgt ist** (§ 6 AufwG., oben Kap. 3)

— Keine Frist, nicht eilig —.

An das Amtsgericht (Grundbuchamt) in D.

Im Grundbuch .... Band ... Blatt ... ist für mich unter Abt. III Nr. ... seit 1912 eine Hypothek von 100 000 Mk. eingetragen. Eigentümer ist der N. N. in O. Die Hypothek ist durch das Aufwertungsgesetz auf 25 000 GM. aufgewertet. Ich beantrage die Eintragung der Aufwertung. Den Hypothekenbrief füge ich bei. (Oder: Ein Hypothekenbrief ist nicht erteilt.)

(Ort, Wohnung, Tag, Unterschrift.)

**10. Antrag des Eigentümers auf Eintragung der Aufwertung im Falle zu 9**

— Keine Frist, nicht eilig —.

An das Amtsgericht (Grundbuchamt) in D.

Im Grundbuche von ... Band ... Blatt ... ist auf dem mir gehörigen Grundstück unter Abt. III Nr. ... seit 1912 eine Hypothek für den .......... eingetragen. Die Hypothek ist auf 25 000 GM. aufgewertet. Ich beantrage die Eintragung der Aufwertung.[1])

(Ort, Wohnung, Tag, Unterschrift.)

**11. Antrag auf Wiedereintragung einer gelöschten Hypothek** (§ 20 AufwG.; oben Kap. 14)

— Keine Frist; zulässig, wenn nicht der Eigentümer die Eintragung bewilligt, erst nach Ablauf der Einspruchsfrist (vgl. Muster 3), dann aber insofern eilig, als bei der Aufwertung kraft Rückwirkung die Verzinsung erst mit Beginn des auf die Wiedereintragung folgenden Kalendervierteljahres beginnt —.

An das Amtsgericht (Grundbuchamt) in D.

Im Grundbuche von .... war für mich in Abt. III Nr. 1 auf dem Grundstücke des N. N. in O eine Hypothek von 100 000 Mk. seit 1909 eingetragen. Der Eigentümer hat das Geld am 15. Juli 1922 in 100 000 Papiermark zurückgezahlt. Die Hypothek ist gelöscht. Ich habe Aufwertung angemeldet in Höhe von

| | |
|---|---|
| 25 v. H. von 100 000 Mk. = . . . . . . . . . . . . . | 25 000 GM. |
| abzüglich des Goldwertes der Zahlung = . . . . . . . | 950 „ |
| | 24 050 GM |

Die Einspruchsfrist ist abgelaufen, Einspruch ist nicht erhoben. Ich beziehe mich auf die Akten der dortigen Aufwertungsstelle und beantrage: „die Hypothek in Höhe von 24 050 GM. für mich wieder einzutragen".

---

[1]) Der Eigentümer braucht den etwa erteilten Brief nicht vorzulegen (§ 6 Abs. 1 Satz 2 AufwG.).

**12. Antrag auf Herabsetzung der Aufwertung** (§ 8 AufwG., oben Kap. 5 und 7)
— Frist bis Ende März 1926 —.

An das Amtsgericht (Aufwertungsstelle) in D.

Im Grundbuche von .... ist seit 1910 auf dem mir gehörigen Hausgrundstück .... eine Darlehnshypothek im Betrage von 5000 Mk. für den Gutsbesitzer N in D eingetragen. Das Darlehen ist noch nicht zurückgezahlt. Nach dem Aufwertungsgesetze wird die Hypothek und die Darlehnsforderung auf 1250 GM. aufgewertet. Ich beantrage: „die Aufwertung der Hypothek und der persönlichen Forderung auf 750 Goldmark herabzusetzen".

Ich habe das Darlehen im Jahre 1910 aufgenommen, als ich das Grundstück gekauft habe. Dieses hatte damals einen Wert von 7000 Mark. Ich habe in ihm ein gutgehendes Weißwarengeschäft betrieben. Bei Kriegsausbruch wurde ich eingezogen. Das Geschäft ging nicht mehr. Für unsere kleinen Ersparnisse — von 4000 Mk. — haben wir Kriegsanleihe gezeichnet. Nach dem Kriege konnte ich das Geschäft nicht weiterbetreiben, da meine Frau kränklich wurde und im Geschäft nicht mehr helfen konnte. Ich betreibe jetzt ein kleines Gemüsegeschäft, in dem ich aber nicht so viel verdiene, daß ich mit meiner Familie auskommen kann. Ich habe drei Kinder im Alter von 8 bis 15 Jahren, die noch in der Schul- bzw. Berufsausbildung sind. Ich selbst bin 55 Jahre alt und habe ein Leiden, das mich hindert, einer anderen Beschäftigung nachzugehen. Ich mußte schon 1923 eine wertbeständige Hypothek im Werte von 1000 Goldmark aufnehmen, die zum größten Teile durch Wiederinstandsetzung des Hauses (das Dach drohte einzustürzen) aufgezehrt wurden; das übrige Geld haben wir zum Unterhalt verbraucht. Die Zinsen der 1250 und 1000 GM. kann ich nicht aufbringen; viel weniger denn auf die Möglichkeit der Rückzahlung hoffen. Bis ich aus der Kriegsanleihe etwas erhalte, kann lange dauern. Wenn ich nicht von Verwandten unterstützt würde, hätte ich manchmal nichts zum leben.

Ueber meine Verhältnisse kann der Gemeindevorsteher Auskunft geben.

Der Gläubiger lebt in guten Verhältnissen.

**13. Antrag auf Eintragung eines Widerspruchs zu Antrag 12 vorstehend** (§ 8 Abs. 2 AufwG.).

An das Amtsgericht (Grundbuchamt) in D.

Bei der dortigen Aufwertungsstelle habe ich heute den Antrag gestellt, die Aufwertung der im Grundbuch von ... Band ... Blatt ... Abt. III unter Nr. ... eingetragenen Hypothek auf 750 GM. herabzusetzen. Ich beziehe mich auf diesen Antrag und beantrage die Eintragung eines entsprechenden Widerspruchs in das Grundbuch gemäß § 8 Abs. 2 des AufwG.

**14. Antrag auf Anordnung höherer Aufwertung der durch Hypothek gesicherten persönlichen Forderung** (§ 10 Abs. 1 AufwG., oben Kap. 7) [1])
— Frist bis Ende März 1926 —.

An das Amtsgericht (Aufwertungsstelle) in D.

Im Grundbuche von D Band 10 Blatt 398 — Eigentümer Z — ist für mich eine Hypothek für eine Restkaufgeldforderung von 10 000 Mk. eingetragen.[2]) Ich habe dem Z das Grundstück 1909 zu einem Preise von 50 000 Mark verkauft. Er hat die auf dem Grundstück lastende Hypothek der städtischen Sparkasse in D im Betrage von 30 000 Mk. übernommen und mir 10 000 Mk. ausgezahlt. Die restlichen 10 000 Mk.

[1]) Wäre die Kaufgeldforderung nicht durch Hypothek gesichert, so würde über die Aufwertung im Prozeßwege entschieden, nicht also durch die Aufwertungsstelle.

[2]) Höhere Aufwertung ist auch möglich und fristgemäß zu beantragen, wenn die Zahlung der Kaufgeldforderung bis zum 14. Juni 1922 mit Vorbehalt oder aber nach diesem Tage mit oder ohne Vorbehalt angenommen ist.

sind durch die Hypothek sichergestellt worden. Das Haus ist ein Geschäftshaus. Z betreibt darin ein gutgehendes Schreibwarengeschäft, ein Laden ist an einen Zigarrenhändler vermietet. Er selbst wohnt in dem Hause und hat noch mehrere Wohnungen vermietet. Während ich durch die Geldentwertung alles verloren habe — ich habe mein ganzes Geld zur Zeichnung von Kriegsanleihe verwandt —, hat Z ein billiges Haus. Die erste Hypothek mit 30 000 Mk. braucht er nur mit 7500 GM. aufzuwerten; wenn er auch meine Forderung nur mit 25 v. H. = 2500 GM. aufzuwerten braucht, steht ihm das Haus im ganzen 10 000 + 7500 + 2500 = 20 000 GM. Es hat aber einen Wert von mindestens 50 000 GM. Z hat auch lange keine Zinsen mehr gezahlt, obwohl er den vollen Nutzen aus dem Hause gezogen hat.

Aus diesen Gründen beantrage ich:

die Aufwertung der Kaufgeldforderung[1]) auf den höchstzulässigen Satz von 75 v. H., also auf 75 v. H. von 10 000 Mk. = 7500 GM. heraufzusetzen.

**15. Antrag des Eigentümers, der zugleich der persönliche Schuldner ist, auf Anordnung, daß Aufwertung kraft Rückwirkung nicht eintrete** (§ 15 AufwG., oben Kap. 9)

— Der Antrag ist als Einspruch gegen die Anmeldung des Aufwertungsanspruchs des Gläubigers anzusehen. Frist also wie bei Muster 3 —.

An das Amtsgericht (Aufwertungsstelle) in D.

Auf meinem im Grundbuch von ... Band ... Blatt ... eingetragenen Grundstücke lastet seit 1910 eine Hypothek für eine Darlehnsforderung des ........ im Betrage von 4000 Mk. Ich habe das Darlehen am 20. Juli 1922 zurückgezahlt. Nach dem Aufwertungsgesetze träte Aufwertung kraft Rückwirkung ein in Höhe von 25 v. H. = . . . . . . . . . . . . . . . . . . . . . . . . . 1 000,— GM.

abzüglich des Goldwerts des gezahlten 4 000 Mk. = . . . . 54,80 „

also in Höhe von . . 945,20 GM.

Der Gläubiger hat seinen Anspruch auf Aufwertung dort angemeldet (Aktenzeichen .....). Ich erhebe dagegen

Einspruch

und beantrage anzuordnen, daß Aufwertung nicht stattfindet. (Als Begründung würden Angaben der in Nr. 12 angegebenen Art genügen.)

**16. Antrag des vom Eigentümer verschiedenen persönlichen Schuldners auf Anordnung, daß Aufwertung kraft Rückwirkung nicht stattfinde** (§ 15 AufwG., oben Kap. 9), zugleich Einspruch gegen die Anmeldung des Aufwertungsanspruchs

— Frist: siehe Muster 15 —.

An das Amtsgericht (Aufwertungsstelle) in D.

Auf dem Ackergute Grundbuch von D Band 4 Blatt 151 war für eine Darlehnsforderung der Sparkasse des Kreises B eine Hypothek von 40 000 Mk. seit 1906 eingetragen. Ich habe das Gut 1907 unter Uebernahme der Schuld für 60 000 Mk. gekauft und 20 000 Mk. an den Verkäufer bar gezahlt. Die Gläubigerin hat die Schuldübernahme genehmigt, so daß ich auch persönlicher Schuldner geworden bin. Im Kriege habe ich ein Bein verloren; ich konnte auch mit Hilfe meiner Angehörigen das Gut nicht mehr bewirtschaften. Im Dezember 1922 habe ich es deshalb an den Landwirt N zu dem mir damals hochdünkenden Preise von 5 Millionen Mark verkauft. Der Käufer bestand darauf, daß ich die Hypothek zur

---

[1]) Heraufsetzung der Aufwertung des dinglichen Rechtes (der Hypothek) ist nicht zulässig. Wird die Kaufgeldforderung höher aufgewertet, so besteht für den Mehrbetrag keine dingliche Sicherheit; wenn aber der Schuldner zahlungsfähig ist, oder wenn Aussicht besteht, daß er es einmal wird, ist Stellung des Antrags — bis Ende März 1926 — geboten.

Löschung bringe. Nach längeren Verhandlungen hat sich die Gläubigerin am 21. Dezember 1922 mit der Zahlung von 2 Millionen Mark einverstanden erklärt. Ich zahlte noch am gleichen Tage. Die Hypothek wurde gelöscht. Von den mir vom Kaufpreise verbliebenen 3 Millionen Mk. habe ich 1 Million Mk. zur Uebernahme einer kleinen Schenkwirtschaft benutzt (Ankauf der Einrichtung und Zahlung einer Abfindung für den Verzicht meines Vorgängers auf die Konzession, das Haus selbst gehört einer Brauerei), die übrigen 2 Millionen Mk. habe ich bei der Sparkasse angelegt, aus deren Aufwertung nicht viel herauskommen wird. Die Wirtschaft führe ich mit Hilfe meiner Frau und meiner erwachsenen Tochter. Der Ertrag und meine Versorgungsgebührnisse reichen eben zu unserem dürftigen Unterhalt aus. Nun wird nach dem Aufwertungsgesetz die Forderung der Sparkasse auf 25 v. H. von 40 000 Mk., also auf 10 000 Mk. aufgewertet. Nach Abzug des Goldmarkbetrags meiner Zahlung (21. Dezember 1922: 2 Millionen Mark) = 1 268 GM. verblieb für mich eine Schuld von 8 732 GM. Die Gläubigerin hat ihren Anspruch auf Aufwertung dort angemeldet (Aktenzeichen .....). Ich erhebe

Einspruch.

Ich kann den Aufwertungsbetrag weder ganz noch teilweise abtragen, ja auch noch nicht einmal verzinsen. Daß sich meine Lage je bessert, ist gänzlich ausgeschlossen. Im Gegenteil: ich bin 53 Jahre alt und kann nichts anderes mehr betreiben, und meine Frau ist seit Jahren kränklich. Nur durch die Hilfe unserer Tochter können wir die Wirtschaft noch führen. Von dem Käufer des Gutes werde ich schwerlich noch etwas erhalten, weil er seinen ganzen Kaufpreis sofort gezahlt hat; er hat übrigens das Gut schon weiter veräußert; sein jetziger Aufenthalt ist mir nicht bekannt.[1])

Gestützt auf diese Tatsachen beantrage ich:

anzuordnen, daß die Aufwertung kraft Rückwirkung nicht stattfindet.[2])

**17. Antrag des Eigentümers, der nicht zugleich der persönliche Schuldner ist, auf Anordnung, daß Aufwertung kraft Rückwirkung nicht stattfinde** (§ 15 AufwG., oben Kap. 9), zugleich Einspruch gegen die Anmeldung des Aufwertungsanspruchs — Frist siehe Muster 15 —.

An das Amtsgericht (Aufwertungsstelle) in B.

Im Jahre 1909 kaufte ich das im Grundbuch von B Band 10 Blatt 735 eingetragene Hausgrundstück, belegen in B, Karlstraße 45, von dem Rentner X in B zum Preise von 5000 Mk. Auf diesem und dem Nachbargrundstücke Karlstraße Nr. 47, das auch dem Rentner X gehörte, lastete eine Hypothek für ein dem X gewährtes Darlehen für die Sparkasse des Kreises B im Betrage von 6000 Mk. Da X mir versprach, die Hypothek zu beseitigen, zahlte ich ihm den ganzen Kaufpreis aus. Am 16. Juni 1922 hat er das Hypothekendarlehen zurückgezahlt. Die Hypothek wurde auf beiden Grundstücken am 18. Juli 1922 gelöscht. Dann verkaufte X das Nachbargrundstück an einen Dritten.

Nach dem Aufwertungsgesetze werden Hypothek und Darlehnsforderung aufgewertet. Die Sparkasse hat ihren Anspruch auf Aufwertung dort angemeldet. Ich erhebe

Einspruch

und beantrage, anzuordnen, daß Aufwertung der Hypothek kraft Rückwirkung nicht

---

[1]) Glaubt der Antragsteller, seine Kaufgeldforderung gegen den Landwirt N (Käufer) rückwirkend aufgewertet verlangen zu können, so bleibt ihm nur der Klageweg, weil keine Hypothek für die Forderung bestellt war. Anmeldung bei der Aufwertungsstelle ist zwecklos. Da sofort gezahlt wurde, ist seine Forderung nicht vom Währungsunfall betroffen (§ 1 AufwG.), ein Prozeß wäre aussichtslos.

[2]) Die Gründe, die hier vorgebracht sind, rechtfertigen die Ausschließung der Rückwirkung sowohl aus dem Gesichtspunkte der Ziff. 1 des § 15 (wirtschaftliche Lage, Entwertung der 2 Millionen Sparkassenguthaben) als aus dem der Ziff. 2 (geringer Erlös für das Grundstück). Es genügt aber, daß eine der Härtevorschriften zutrifft.

stattfinde. Ich habe meinen Kaufpreis im Jahre 1909 gezahlt. Wenn jetzt die Hypothek in Höhe des Aufwertungsbetrags wieder auf meinem Grundstück eingetragen wird, komme ich in die schlimmste Lage. Die Gläubigerin kann sich an das Nachbargrundstück nicht mehr halten, weil die Hypothek gelöscht war, als der neue Eigentümer es erwarb. Der persönliche Schuldner X ist vermögenslos geworden und hat nur ein ganz kleines Verdienst. Wenn die Gläubigerin von mir Zahlung fordert, muß ich zahlen oder die Gläubigerin bringt das Grundstück zur Zwangsversteigerung. Zahlen kann ich nicht. Für meine ganzen Ersparnisse habe ich Kriegsanleihe gezeichnet. Ich bin Bahnarbeiter und kann von meinem Verdienst gerade mich und meine Frau ernähren.

(Ort, Wohnung, Tag, Unterschrift des Antragstellers.)

18. **Antrag des Eigentümers (Schuldners) auf Gewährung von Ratenzahlungen** (§ 26 Abs. 1 AufwG., oben Kap. 17 Nr. 2)

— Frist bis 31. Dezember 1926 —.

An das Amtsgericht (Aufwertungsstelle) in D.

Die im Grundbuche von . . . Band . . . . Blatt . . . in Abt. III Nr. 1 auf meinem Grundstücke eingetragene Hypothek für eine Darlehnsforderung von 10 000 Mark ist für den Gläubiger N.N. in O auf 2 500 GM. aufgewertet. Nach § 26 des Aufwertungsgesetzes könnte der Gläubiger die Zahlung am 1. Januar 1932 verlangen. Meine wirtschaftliche Lage läßt es aber unmöglich erscheinen, daß ich diesen Betrag bis dahin aufbringen kann.

Gründe: . . . . . . . . . . . . . . . . . . . . . . . . . .
. . . . . . . . . . . . . . . . . . . . . . . . . . . . . .

Ich beantrage deshalb, anzuordnen, daß der Betrag in Teilbeträgen von jährlich 350 GM., beginnend am 1. Januar 1932, zu zahlen ist.

19. **Antrag des Gläubigers auf Anordnung vorzeitiger Zahlung des Aufwertungsbetrags** (§ 27 AufwG., oben Kap. 17 Nr. 3)

— Frist bis 31. März 1926 —.

An das Amtsgericht (Aufwertungsstelle) in D.

Die im Grundbuche von D. Band . . . . Blatt . . . . in Abt. III Nr. 1 für mich eingetragene Darlehnshypothek ist auf 2 500 GM. aufgewertet. Eigentümer und persönlicher Schuldner ist der N.N. in O. Auf Grund des § 27 AufwG. beantrage ich, anzuordnen,

daß der Eigentümer und persönliche Schuldner schon vom 1. Januar 1926 ab jedes Jahr 250 Goldmark zu zahlen hat, den nach Abzug des zu bestimmenden Zwischenzinses verbleibenden Rest aber am 1. Januar 1932.

(Zur Begründung ist die wirtschaftliche Lage des Gläubigers darzutun und ferner, daß der Schuldner keine erhebliche Erschwerung seiner wirtschaftlichen Lage erleiden werde.)

20. **Antrag auf Entscheidung über die Höhe der Aufwertung** (§ 69 AufwG.).

An das Amtsgericht (Aufwertungsstelle) in D.

Auf meinem im Grundbuche von D Band . . . . Blatt . . . . eingetragenen Grundstück ist in Abteilung III unter Nr. 1 am 10. August 1921 eine Hypothek für den Kaufmann Joseph Hamar in Köln-Deutz, Neuhöfferstraße 32, im Betrage von 100 000 Mark eingetragen worden. Eine Zahlung an den Gläubiger ist nicht erfolgt. Der Gläubiger begehrt nun Aufwertung nach Maßgabe des Goldmarkbetrags, der sich aus der Meßzahl vom 10. August 1921 ergibt = 5 320 GM., also auf 1 330 GM. Er hat aber die Hypothek nicht schon am 10. August 1921, sondern erst am 21. September 1921 erworben, der Goldmarkbetrag ist daher 4 070 GM. und der Aufwertungsbetrag 1 017,50 GM. Der Gläubiger hat mir das Darlehn erst am 21. September 1921 ausgezahlt. An diesem Tage hat er das Geld bei der Sparkasse in D abgehoben und mir in seiner Wohnung ausgezahlt. Ueber die Abhebung bei der Sparkasse wird die letztere Auskunft geben können. Im übrigen kann ich nur meine Ehefrau als Zeugin benennen.

Ich beantrage, die Aufwertung auf 1 017,50 GM. festzusetzen.

(Ort, Wohnung, Datum, Unterschrift.)

**21. Antrag auf Verteilung einer zwischenzeitlich eingetragenen Gesamthypothek** (§ 23 AufwG., oben Kap. 16 Nr. 5)

— Frist bis 31. Dezember 1925 —.

An das Amtsgericht (Aufwertungsstelle) in D.

Zu meinen Gunsten war im Grundbuch von D. Band .... Blatt .... auf dem Grundstücke Breitestraße 127 — Eigentümer der N.N. in D — in Abteilung III unter Nr. 1 eine Hypothek von 10 000 Mark seit 1908 eingetragen. Die Schuld ist am 21. Juli 1922 abgetragen. Die Hypothek ist gelöscht worden. Es findet Aufwertung kraft Rückwirkung statt, und zwar:

| | |
|---|---|
| Goldmarkbetrag 1908 . . . . . . . . . . . . . . . . . | 10 000,00 GM. |
| Aufwertung . . . . . . . . . . . . . . . . . . . . . . . | 2 500,00 „ |
| ab Goldmarkbetrag der Zahlung . . . . . . . . . . | 84,60 „ |
| Bleiben . . . | 2 415,40 GM. |

Ich habe diesen Anspruch am 11. August 1925 dort angemeldet. N.N. hat am 17. Juli 1924 an diesem und an dem Nachbargrundstück Breitestraße 129 eine Gesamthypothek für ein Darlehn der städtischen Sparkasse in D. im Betrage von 9000 GM. bestellt. Meine Hypothek in Höhe des Aufwertungsbetrages kann nur im Range nach dieser Hypothek eingetragen werden. Das Grundstück ist aber kaum 10 bis 11 000 RM. wert. Das Nachbargrundstück hat den doppelten Wert. Ich beantrage:

den Betrag zu bestimmen, der von der Goldmarkhypothek der Sparkasse auf das Nachbargrundstück entfallen würde, wenn eine angemessene Verteilung der Gesamthypothek stattfände. Ich bitte den Betrag auf 6000 GM. zu bestimmen. Dies entspricht dem Wertverhältnisse der Grundstücke.[1])

(Ort, Wohnung, Tag, Unterschrift.)

**22. Antrag auf Einstellung der Zwangsversteigerung** (§ 30 AufwG., oben Kap. 18 Nr. 3).

An das Amtsgericht in D.

Auf meinem Grundstück in D, Breitestraße 10, eingetragen im Grundbuch von D Band . . . Blatt . . . lastete eine Hypothek für eine Darlehnsforderung von 20 000 Mark zugunsten des N.N. in D. Sie ist auf 7 500 RM. aufgewertet; dies ist eingetragen.

Die Zinsen der 7500 RM. sind vereinbarungsgemäß halbjährlich am 1. Januar und 1. Juli fällig. Die am 1. Juli 1926 fällig werdende Zinsrate von 112,50 RM. konnte ich nicht zahlen. Es ist zu befürchten, daß der Gläubiger die Zwangsversteigerung des Grundstücks beantragen wird, und zwar auch wegen des Kapitals; denn bei Bestellung der Hypothek ist in die Zahlungsbedingungen aufgenommen worden, daß bei nicht pünktlicher Zinszahlung das Kapital sofort einforderbar sei.

Ich beantrage schon jetzt, die Zwangsversteigeung auf sechs Monate einzustellen.

Das Grundstück unterliegt dem Mieterschutzgesetz. Es enthält im ganzen 9 Räume, vier davon bewohne ich mit meiner Familie, die 5 anderen sind seit 1913 an den kaufmännischen Angestellten H. vermietet. Die Miete ist vierteljährlich

[1]) Wird dem Antrag stattgegeben, so hat die Sparkasse dem Antragsteller in Höhe der 6000 GM. den Vorrang einzuräumen, so daß die 2 415,40 GM. hinter 3 000 GM. zu stehen kommen.

nachträglich zahlbar. Sie beträgt jetzt 150 RM. vierteljährlich. Der Mieter H. ist im Januar 1926 gestorben; er hinterließ seine Witwe mit 3 unerwachsenen Kindern. Die Witwe hat auf den am 1. April 1926 fällig gewordenen Mietzins erst 50 RM., und auf die am 1. Juli fällig gewordenen Mietzins noch nichts gezahlt. Vermögen besitzt Witwe H. nicht. Ich konnte nach § 3 MietSchG. nicht auf Aufhebung des Mietverhältnisses klagen. Durch das Ausbleiben der Mietzahlungen konnte ich die Zinsen am 1. Juli nicht zahlen. Meine Angaben mache ich glaubhaft durch das beigefügte Anerkenntnis der Witwe H. Die Unkosten des Hauses (Steuer, Instandsetzungskosten u. dgl.) übersteigen bei weitem den Mietwert meiner eigenen Wohnung. Dies dürfte bei Gericht offenkundig sein.

Aus meinem Verdienst kann ich die Zinsen nicht zahlen; ich bin Fabrikarbeiter und habe zwei Kinder im Alter von 10 und 12 Jahren.

Die Einstellung der Zwangsversteigerung ist hiernach zur Abwendung einer unbilligen Härte erforderlich.

(Ort, Wohnung, Tag, Unterschrift.)

## Schlußbemerkung zu den Mustern.

1. Die vorstehenden Muster 1 bis 22 werden, was die Aufwertung von Hypotheken und durch Hypothek gesicherte Forderungen angeht, im allgemeinen genügen. Selbstverständlich konnte da, wo die wirtschaftliche Lage eine Rolle spielt, nicht für alle Fälle eine Schilderung der Lage gegeben werden. Die Fälle liegen tausendfach verschieden. Immerhin können die Muster auch in dieser Beziehung einen gewissen Anhalt bieten.

2. Die Muster passen im allgemeinen auch für Grundschulden, Rentenschulden und Reallasten. Jedoch wird, wenn ihnen eine persönliche Forderung zugrunde liegt, diese nicht nach den Vorschriften aufgewertet, die für die durch Hypothek gesicherten Forderungen gelten, sondern nach den allgemeinen Vorschriften; darüber wird im Prozeßweg entschieden. Es fällt deshalb z. B. im Beispiel 1 die Anmeldung der „persönlichen Forderung" fort; ferner überall die Benennung des persönlichen Schuldners. Gänzlich fallen fort die Muster 14, 16.

3. Bei Schiffs- und beim Bahnpfandrechten, bei denen auch für die persönliche Forderung das gleiche gilt wie für die durch Hypothek gesicherte Forderung, brauchen die Muster nur entsprechend geändert zu werden. An die Stelle des dinglichen Rechts der Hypothek tritt das Pfandrecht, an die Stelle des Grundbuchs das Schiffsregister bzw. das Bahngrundbuch (Grundbuch über Bahneinheiten).

4. Es kommen weiter vor:

a) Anträge an die Aufwertungsstelle auf Herabsetzung der Aufwertung
bei Industrieobligationen (§ 34 AufwG., oben Kap. 22)
— Frist bis 31. März 1926 —,
bei Schuldverschreibungen der Genossenschaften des öffentlichen Rechts usw. (§ 52 AufwG., oben Kap. 24)
— Frist bis 31. März 1926 —;

b) Anträge auf Entscheidung über den Streit über die Höhe der Aufwertung
bei Industrieobligationen (§§ 33 ff. AufwG., oben Kap. 22),
bei Pfandbriefen u. dgl. (§§ 47 ff. AufwG., oben Kap. 23),
bei Schuldverschreibungen der Genossenschaften des öffentlichen Rechts (§§ 51 ff., oben Kap. 24),
der Guthaben bei Fabriken und Werksparkassen und der Ansprüche an Betriebspensionskassen (§ 64 AufwG., oben Kap. 27 Nr. 4)
— Frist nicht bestimmt —;

c) Antrag auf Erhöhung des Tilgungssatzes bei Tilgungshypotheken (§ 29 AufwG., oben Kap. 18 Nr. 2)
— Frist nicht bestimmt —.

Die hieran Beteiligten haben ihre juristischen Berater, sie bedürfen keiner „Muster".

## Gesetz über die Aufwertung von Hypotheken und anderen Ansprüchen (Aufwertungsgesetz).

**Vom 16. Juli 1925 (Reichsgesetzblatt I Nr. 31 S. 117 flgde.).**

Der Reichstag hat das folgende Gesetz beschlossen, das mit Zustimmung des Reichsrats hiermit verkündet wird:

### Erster Abschnitt.

### Allgemeine Bestimmungen.

#### I. Gegenstand der Aufwertung.

§ 1.

(1) Ansprüche, die auf vor dem 14. Februar 1924 begründeten Rechtsverhältnissen beruhen und die Zahlung einer bestimmten in Mark oder einer anderen nicht mehr geltenden inländischen Währung ausgedrückten Geldsumme zum Gegenstande haben, werden nach Maßgabe dieses Gesetzes aufgewertet, wenn sie durch den Währungsverfall betroffen sind. Dies gilt nicht, wenn der verbliebene Goldwert das für die Aufwertung vorgesehene Maß erreicht oder übersteigt.

(2) Soweit die Aufwertung durch ein Sondergesetz geregelt ist, finden die Vorschriften dieses Gesetzes keine Anwendung.

#### II. Berechnung des Goldmarkbetrages als Grundlage der Aufwertung.

§ 2.

(1) Als Goldmarkbetrag gilt bei Ansprüchen, die vor dem 1. Januar 1918 erworben sind, der Nennbetrag. Ist der Anspruch später erworben, so wird der Goldmarkbetrag dadurch festgestellt, daß der Nennbetrag, im Falle des entgeltlichen Erwerbes der Erwerbspreis, nach Maßgabe des Wertverhältnisses umgerechnet wird, das in der Anlage zu diesem Gesetz für den Tag des Erwerbes bestimmt ist; ist ein Umrechnungsverhältnis für diesen Tag nicht bestimmt, so ist das letzte vorhergehende Umrechnungsverhältnis maßgebend. An Stelle des Erwerbspreises ist der Nennbetrag der Berechnung zugrunde zu legen, wenn er, nach dem Zeitpunkt der Begründung des Anspruchs in Goldmark umgerechnet, niedriger ist. Ein Erwerb, der nach dem 13. Februar 1924 stattgefunden hat, bleibt für die Berechnung des Goldmarkbetrags außer Betracht.

(2) Für Industrieobligationen, Pfandbriefe, Rentenbriefe, Kommunalobligationen und andere verzinsliche oder an Stelle der Verzinsung mit einem Aufgeld rückzahlbare Schuldverschreibungen, die auf den Inhaber lauten oder durch Indossament übertragbar sind, gilt, wenn sie vor dem 1. Januar 1918 ausgegeben sind, als Goldmarkbetrag der Nennbetrag. Sind die Schuldverschreibungen später ausgegeben, so wird der Nennbetrag nach Maßgabe des Wertverhältnisses umgerechnet, das in der Anlage zu diesem Gesetze für den Tag der Ausgabe bestimmt ist; ist ein Umrechnungsverhältnis für diesen Tag

nicht bestimmt, so ist das letzte vorhergehende Umrechnungsverhältnis maßgebend. Die näheren Bestimmungen über die Feststellung des Ausgabetages trifft die Reichsregierung.

§ 3.

(1) Für die Berechnung des Goldmarkbetrags ist maßgebend:
1. soweit in Ziffer 2 bis 11 nichts Abweichendes bestimmt ist, der Erwerb durch den Gläubiger selbst;
2. bei Erwerb von Todes wegen der Erwerb durch den Erblasser;
3. bei Erwerb durch Gütergemeinschaft der Erwerb durch den Ehegatten, der das Recht in die Gütergemeinschaft eingebracht hat;
4. bei Erwerb durch Auseinandersetzung einer Erbengemeinschaft oder einer Gütergemeinschaft der Erwerb durch die Gemeinschaft;
5. bei Erwerb als Ausstattung der Erwerb durch Vater oder Mutter;
6. bei Erwerb mit Rücksicht auf ein künftiges gesetzliches Erbrecht der Erwerb durch den Veräußerer;
7. bei Erwerb auf Grund eines Treuhandverhältnisses der Erwerb durch den Geschäftsherrn oder, wenn zuerst der Treuhänder das Recht erworben hat, der Erwerb durch den Treuhänder;
8. bei Erwerb durch Uebernahme eines Vermögens als Ganzen der Erwerb durch den Veräußerer;
9. bei Erwerb durch Uebernahme eines der Deckung von Pfandbriefen dienenden Hypothekenbestandes als Ganzen der Erwerb durch den Veräußerer;
10. bei Erwerb durch Uebernahme eines Versicherungsbestandes oder bei durch Währungsschwierigkeiten bedingter Uebernahme einzelner Versicherungen durch eine andere Versicherungsunternehmung der Erwerb durch die übertragende Versicherungsunternehmung;
11. bei Erwerb durch Schenkung der Erwerb durch den Schenker.

(2) Aenderungen des Inhalts des Rechtes, insbesondere die Hinausschiebung der Fälligkeit (Prolongation), bleiben für die Berechnung des Goldmarkbetrags außer Betracht. Ist im Falle der Gewährung eines Zusatzdarlehns oder aus anderen Gründen unter Aufhebung des bisherigen Rechtes zugunsten desselben Berechtigten ein neues einheitliches Recht begründet, so gilt für den bisherigen Betrag diese Vorschrift entsprechend.

## Zweiter Abschnitt.

## Aufwertung von Hypotheken

### I. Aufwertung des dinglichen Rechtes.

#### 1. Aufwertungsbetrag.

§ 4.

Hypotheken werden auf 25 vom Hundert des Goldmarkbetrags, jedoch nicht höher aufgewertet als die durch sie gesicherten Forderungen (Aufwertungsbetrag).

§ 5.

(1) Für die Berechnung des Goldmarkbetrags (§ 2) wird vermutet, daß die Hypothek an dem Tage erworben ist, an dem sie für den Gläubiger in das Grundbuch eingetragen ist. Ist die Hypothek durch Abtretungserklärung und Uebergabe des Briefes abgetreten, so wird vermutet, daß sie an dem Ausstellungstage der Abtretungsurkunde erworben ist.

(2) Die an Stelle einer Rangänderung vorgenommene Abtretung oder Neueintragung bleibt für die Berechnung des Goldmarkbetrags außer Betracht. Das gleiche gilt, wenn eine Hypothek deshalb gelöscht und alsbald wieder eingetragen ist, weil nach landesgesetzlicher Vorschrift bei einem Eigentumswechsel

die Beseitigung aller auf dem Grundstück ruhenden Lasten geboten ist; es gilt ferner im Falle der Auswechslung des belasteten Grundstücks gegen ein anderes Grundstück desselben Eigentümers.

(3) Der Goldmarkbetrag einer Hypothek für die Forderung aus einer verzinslichen oder an Stelle der Verzinsung mit einem Aufgeld rückzahlbaren Schuldverschreibung, die auf den Inhaber lautet oder durch Indossament übertragbar ist, wird nach den für die Forderung geltenden Vorschriften des § 2 Abs. 2 berechnet.

### 2. Rang der aufgewerteten Hypothek.

### § 6.

(1) Die aufgewertete Hypothek behält ihren bisherigen Rang, soweit sich nicht aus den Vorschriften über den Rangvorbehalt für den Eigentümer (§ 7) oder über die Rückwirkung (§§ 20, 21) etwas anderes ergibt. Die Aufwertung der Hypothek ist auf Antrag des Gläubigers oder des Eigentümers in das Grundbuch einzutragen; wird der Antrag von dem Eigentümer gestellt, so bedarf es der Vorlegung des Hypothekenbriefs nicht.

(2) Den in der Zeit vom 14. Februar 1924 bis zum 1. Oktober 1924 von einem anderen erworbenen oder für ihn vorgemerkten Rechten geht die Hypothek insoweit im Range nach, als sich nach den Vorschriften dieses Gesetzes gegenüber den Vorschriften der Dritten Steuernotverordnung ein höherer Aufwertungsbetrag ergibt. Die Erhöhung bleibt unberücksichtigt, soweit sie auf der Einführung des Umrechnungsverhältnisses (§ 2) beruht.

### 3. Rangvorbehalt für den Eigentümer.

### § 7.

(1) Der Eigentümer ist befugt, im Range nach dem an erster Stelle eingetragenen aufgewerteten Rechte und vor den diesem nachgehenden Rechten eine Hypothek oder Grundschuld in Höhe von 25 vom Hundert des Goldmarkbetrags des aufgewerteten Rechtes mit dem üblichen Zinsfuß eintragen zu lassen. Liegt der Goldmarkbetrag eines aufgewerteten, im Range nachgehenden Rechtes in voller Höhe innerhalb der für die Anlegung von Mündelgeld geltenden Sicherheitsgrenze, so ist der Eigentümer befugt, auch im Range nach diesem Rechte und vor den diesem im Range nachgehenden Rechten eine Hypothek oder Grundschuld in Höhe von 25 vom Hundert des Goldmarkbetrags mit dem üblichen Zinsfuß eintragen zu lassen. Sind in unmittelbarem Zusammenhang mit dem an erster Stelle eingetragenen aufgewerteten Recht zugunsten desselben Gläubigers andere aufgewertete Rechte eingetragen, so gelten, sofern der Gläubiger ein öffentlich-rechtliches oder unter Staatsaufsicht stehendes Unternehmen ist, das nach Gesetz oder Satzung bestimmte Beleihungsgrenzen einzuhalten hatte, die Rechte zusammen im Sinne dieser Vorschrift als ein einheitliches an erster Stelle eingetragenes Recht.

(2) Soweit es bei der Beurteilung der Mündelsicherheit auf das Verhältnis des Rechtes zum Grundstückswert ankommt, ist als Grundstückswert der berichtigte Wehrbeitragswert (Artikel II § 3 Abs. 1 Ziffer 1 der Zweiten Steuernotverordnung vom 19. Dezember 1923, Reichsgesetzbl. I S. 1205) oder, soweit ein berichtigter Wehrbeitragswert nicht festgestellt ist, der unter entsprechender Anwendung der bezeichneten Vorschriften durch die Aufwertungsstelle zu ermittelnde Wehrbeitragswert zugrunde zu legen.

(3) Die Befugnis, an der vorbehaltenen Rangstelle eine Hypothek oder Grundschuld eintragen zu lassen (Abs. 1), wird, auch solange die Befugnis nicht eingetragen ist, dadurch nicht berührt, daß ein im Range nachgehendes Recht von einem Dritten erworben ist. Die Befugnis ist bei der Eintragung der Aufwertung von Amts wegen, auf Antrag des Eigentümers auch früher, in das Grundbuch einzutragen.

(4) Bestehen an dem Grundstück Rechte, die auf Reichsmark, eine ausländische Währung, auf Feingold, Roggen oder einen anderen wertbeständigen Maßstab lauten, so nehmen sie in der Reihenfolge ihres Ranges die für den Eigentümer vorbehaltene Rangstelle ein. Der Gläubiger eines solchen Rechtes kann an Stelle des Eigentümers die Eintragung des Rechtes an der dem Eigentümer vorbehaltenen Rangstelle beantragen. Die Reichsregierung wird ermächtigt, Vorschriften zur Berechnung des Goldmarkwerts dieser Rechte zu erlassen.

(5) Der Eigentümer kann mit Zustimmung der im Abs. 4 bezeichneten Gläubiger auf die Befugnis, an der vorbehaltenen Rangstelle eine Hypothek oder Grundschuld eintragen zu lassen (Abs. 1), verzichten. Der Verzicht bedarf zu seiner Wirksamkeit der Eintragung in das Grundbuch. Soweit ein Verzicht erfolgt ist, findet die Vorschrift des Abs. 4 keine Anwendung.

#### 4. Herabsetzung der Aufwertung.

§ 8.

(1) Der Eigentümer kann eine Herabsetzung der Aufwertung um höchstens 10 vom Hundert des Goldmarkbetrags verlangen, wenn dies mit Rücksicht auf seine wirtschaftliche Lage zur Abwendung einer groben Unbilligkeit unabweisbar erscheint. Die Herabsetzung der Aufwertung ist nur zulässig, wenn das Verlangen vor dem 1. April 1926 bei der Aufwertungsstelle gestellt wird. In den Fällen der §§ 203, 204, 206, 207 des Bürgerlichen Gesetzbuchs kann das Verlangen noch bis zum Ablauf von drei Monaten nach Fortfall des Hindernisses gestellt werden.

(2) Ist die Herabsetzung der Aufwertung rechtzeitig bei der Aufwertungsstelle beantragt, so ist auf Antrag des Eigentümers ein Widerspruch in das Grundbuch einzutragen. Die Eintragung des Widerspruchs setzt die Eintragung der Aufwertung nicht voraus.

### II. Aufwertung der persönlichen Forderung.

§ 9.

Die durch die Hypothek gesicherte persönliche Forderung wird nach Maßgabe der für das dingliche Recht geltenden Vorschriften der §§ 4, 5, 8 aufgewertet. (Normaler Höchstsatz.)

§ 10.

(1) Eine höhere oder geringere Aufwertung der persönlichen Forderung nach allgemeinen Vorschriften unter Abweichung von dem normalen Höchstsatz ist unbeschadet der Herabsetzung nach § 8 nur zulässig,

1. wenn die Forderung auf einem Gesellschaftsvertrag oder einem anderen Beteiligungsverhältnis, oder
2. auf einem Gutsüberlassungsvertrag oder auf den Beziehungen aus der Auseinandersetzung unter Miterben, unter Ehegatten, unter geschiedenen Ehegatten, unter Eltern und Kindern oder zwischen Erben und Pflichtteilsberechtigten oder Vermächtnisnehmern, oder
3. auf den Beziehungen zwischen unterhaltsberechtigten und unterhaltsverpflichteten Personen beruht;
4. wenn es sich um eine Forderung auf wiederkehrende Leistungen handelt, die bei Abfindungen, Auseinandersetzungen, Ueberlassungen oder ähnlichen Rechtsvorgängen begründet ist;
5. wenn es sich um eine Kaufgeldforderung (Kaufgeld für den Erwerb des mit der Hypothek belasteten Grundstücks) handelt, die nach dem 31. Dezember 1908 begründet worden ist; dies gilt auch dann, wenn die Kaufgeldforderung bei ihrer Begründung in eine Darlehnsforderung umgewandelt worden ist;
6. bei Forderungen anderer als der in Ziffer 1 bis 5 bezeichneten Art, wenn die Hypothek eine Sicherungshypothek ist, mit Ausnahme von Darlehnsforderungen.

(2) Als allgemeine Vorschriften im Sinne dieser Bestimmungen gelten auch die Vorschriften der §§ 63 bis 66.

(3) In den Fällen des Abs. 1 Ziffer 5 und bei Gutsüberlassungsverträgen (Abs. 1 Ziffer 2) darf bei der Aufwertung nach allgemeinen Vorschriften, wenn die Forderung vor dem 1. Januar 1912 begründet worden ist, der Satz von 75 vom Hundert und, wenn sie vor dem 1. Januar 1922 begründet worden ist, der Satz von 100 vom Hundert des Goldmarkbetrags der Forderung nicht überschritten werden.

§ 11.

In den Fällen des § 10 Ziffer 1 bis 5 ist eine Abweichung von dem normalen Höchstsatz unzulässig, wenn die Forderung vor dem 14. Februar 1924 von dem ursprünglichen Gläubiger auf einen anderen übergegangen ist, es sei denn, daß es sich um einen Rechtsübergang der im § 3 Abs. 1 Ziffer 2 bis 11 bezeichneten Art handelt.

§ 12.

Eine Abweichung von dem normalen Höchstsatz ist nur zulässig, wenn sie vor dem 1. April 1926 bei der Aufwertungsstelle beantragt ist. In den Fällen der §§ 203, 204, 206, 207 des Bürgerlichen Gesetzbuchs kann der Antrag noch bis zum Ablauf von drei Monaten nach Fortfall des Hindernisses gestellt werden.

§ 13.

In die Bilanz ist die Forderung, unbeschadet der Vorschrift des § 38 der Dritten Steuernotverordnung, als Aktivum oder Passivum mit einem Betrage einzustellen, der unter Zugrundelegung des normalen Höchstsatzes errechnet wird, sofern nicht durch abweichende Vereinbarung oder durch rechtskräftige Entscheidung der Aufwertungsstelle eine höhere oder geringere Aufwertung bestimmt ist.

## III. Aufwertung bei Vorbehalt der Rechte — Rückwirkung.

### 1. Vorbehalt der Rechte.

§ 14.

Trotz der Bewirkung der Leistung findet die Aufwertung statt, wenn der Gläubiger sich bei der Annahme der Leistung seine Rechte vorbehalten hat. Liegt diese Voraussetzung für die persönliche Forderung vor, so wird neben dieser auch die Hypothek aufgewertet; dies gilt nicht, wenn der Gläubiger sich seiner Rechte auf Aufwertung der Hypothek ausdrücklich begeben hat. Liegt die Voraussetzung für die persönliche Forderung nicht vor, so findet auch eine Aufwertung der Hypothek nicht statt.

### 2. Rückwirkung.

§ 15.

Hat der Gläubiger die Leistung in der Zeit vom 15. Juni 1922 bis zum 14. Februar 1924 angenommen, so findet eine Aufwertung der Hypothek und der persönlichen Forderung auch dann statt, wenn der Gläubiger sich bei der Annahme der Leistung seine Rechte nicht vorbehalten hat (Rückwirkung). Die Aufwertung kraft Rückwirkung findet nicht statt, soweit sie, ganz oder zum Teil,

1. für den Eigentümer des belasteten Grundstücks oder für den persönlichen Schuldner mit Rücksicht auf seine wirtschaftliche Lage, insbesondere auch auf erhebliche, auf den Währungsverfall oder die Verdrängung oder die Liquidation des Vermögens zurückzuführende Vermögensverluste, oder
2. für den persönlichen Schuldner mit Rücksicht auf die Höhe des bei der Veräußerung des belasteten Grundstücks erzielten Erlöses oder mit

Rücksicht darauf, daß das belastete Grundstück nicht mehr im Inland liegt und deshalb die Inanspruchnahme des Eigentümers wesentlich erschwert ist, oder

3. deshalb für den Eigentümer des belasteten Grundstücks oder für den persönlichen Schuldner eine unbillige Härte bedeuten würde, weil er nachweislich durch die Kündigung des Gläubigers gezwungen wurde, Vermögensgegenstände weit unter dem wirklichen Werte zu veräußern, um die Hypothekenschuld zurückzahlen zu können.

### 3. Gemeinsame Vorschriften.

#### a) Anmeldezwang.

#### § 16.

(1) Die Aufwertung auf Grund des Vorbehalts der Rechte oder kraft Rückwirkung findet nur statt, wenn der Gläubiger den Anspruch auf Aufwertung bis zum 1. Januar 1926 bei der Aufwertungsstelle anmeldet. Die Aufwertungsstelle hat die Anmeldung dem Eigentümer des belasteten Grundstücks und dem ihr vom Gläubiger bezeichneten persönlichen Schuldner mitzuteilen. Innerhalb einer Frist von drei Monaten seit Mitteilung der Anmeldung kann der Eigentümer und der Schuldner bei der Aufwertungsstelle Einspruch erheben.

(2) Ist die Hypothek bereits gelöscht, so findet ihre Wiedereintragung, falls sie nicht der Eigentümer bewilligt, erst statt, nachdem die Einspruchsfrist abgelaufen ist, ohne daß ein Einspruch eingelegt ist, oder nachdem durch rechtskräftige Entscheidung festgestellt ist, daß ein wirksamer Vorbehalt der Rechte vorliegt oder eine Rückwirkung stattfindet. Der Anspruch auf Wiedereintragung der Hypothek ist auf Antrag des Gläubigers durch Eintragung eines Widerspruchs zu sichern.

(3) Ist die Hypothek noch nicht gelöscht, und behauptet der Eigentümer, daß nach den Vorschriften der §§ 14, 15 eine Aufwertung nicht stattfindet, so ist auf seinen Antrag ein Widerspruch in das Grundbuch einzutragen.

#### b) Aufwertung nach Abtretung der Hypothek.

#### § 17.

Hat der Gläubiger die Hypothek abgetreten und die Gegenleistung nach dem 14. Juni 1922 oder unter Vorbehalt der Rechte angenommen, so wird die Hypothek und die persönliche Forderung auf der Grundlage des für ihn maßgebenden Goldmarkbetrags (§§ 2, 3), unbeschadet der Aufwertung zugunsten des Erwerbers, auch zu seinen Gunsten aufgewertet, sofern sich nicht nach dem Schlußsatz des § 2 Abs. 1 oder nach § 3 Abs. 1 Ziffer 2 bis 11 die Höhe der Aufwertung zugunsten des Erwerbers nach der Zeit des Erwerbes durch den früheren Gläubiger bestimmt. Die Vorschriften des § 16 finden Anwendung.

#### c) Anrechnung von Zahlungen.

#### § 18.

(1) Findet auf Grund des Vorbehalts der Rechte oder kraft Rückwirkung eine Aufwertung statt, so sind geleistete Zahlungen in Höhe ihres Goldmarkbetrags (§§ 2, 3) auf den Aufwertungsbetrag anzurechnen. Dies gilt nicht für Zahlungen, die vor dem 15. Juni 1922 ohne Vorbehalt angenommen sind; solche Zahlungen sind zum Nennbetrag auf den Nennbetrag anzurechnen.

(2) Auf Grund der §§ 14 bis 17 wird die Hypothek außer für den gegenwärtigen Gläubiger für einen früheren Gläubiger nur insoweit aufgewertet, als der für diesen zu berechnende Aufwertungsbetrag die Gesamtheit der Aufwertungsbeträge der ihm zeitlich nachfolgenden Gläubiger übersteigt.

d) Ausschluß weitergehender Ansprüche.

§ 19.

Soweit im Falle der Bewirkung der Leistung eine Aufwertung nach §§ 14 bis 17 nicht stattfindet, kann sie auch wegen ungerechtfertigter Bereicherung oder auf Grund einer Anfechtung wegen Irrtums oder aus einem anderen Rechtsgrunde nicht verlangt werden. Ansprüche wegen arglistiger Täuschung bleiben unberührt.

e) Wiedereintragung gelöschter Hypotheken.

§ 20.

(1) Ist die Hypothek im Grundbuch bereits gelöscht, so findet ihre Wiedereintragung in Höhe der Aufwertung mit dem sich aus § 6 ergebenden Range statt, soweit nicht die Vorschriften über den öffentlichen Glauben des Grundbuchs oder über das Erlöschen von Rechten durch den Zuschlag bei der Zwangsversteigerung entgegenstehen.

(2) Die Vorschriften über den öffentlichen Glauben des Grundbuchs sind entsprechend anzuwenden, wenn in dem in § 892 Abs. 2 des Bürgerlichen Gesetzbuchs bestimmten Zeitpunkt eine dem § 29 der Grundbuchordnung entsprechende Löschungsbewilligung oder löschungsfähige Quittung bereits erteilt war oder gleichzeitig erteilt wurde.

f) Wiedereintragung des früheren Gläubigers einer umgeschriebenen oder abgetretenen Hypothek.

§ 21.

(1) Die Vorschriften des § 20 finden entsprechende Anwendung,

1. wenn die Hypothek zwar nicht gelöscht, aber nicht mehr für den früheren Gläubiger eingetragen, z. B. als Grundschuld auf den Eigentümer oder im Falle der Abtretung (§ 17) auf den Erwerber umgeschrieben ist;
2. wenn die Hypothek noch für den früheren Gläubiger eingetragen ist, das Gläubigerrecht eines anderen sich jedoch aus § 1155 des Bürgerlichen Gesetzbuchs ergibt.

(2) Der Aufwertungsbetrag des früheren Gläubigers geht dem Aufwertungsbetrage des gegenwärtigen Gläubigers und den diesem im Range gleichstehenden oder nachgehenden Rechten im Range nach.

g) Schutz gegen zwischenzeitliche Eintragungen.

§ 22.

(1) In den Fällen der §§ 20, 21 steht der Eintragung des Aufwertungsbetrags an der bisherigen Rangstelle der öffentliche Glaube des Grundbuchs und die Vorschrift des § 21 Abs. 2 insoweit nicht entgegen, als nach dem 1. Januar 1925 Rechte durch den Eigentümer, seinen Ehegatten vor oder während der Ehe, durch seine oder seines Ehegatten Verwandten auf- oder absteigender Linie, durch seine oder seines Ehegatten voll- oder halbbürtigen Geschwister oder durch den Ehegatten einer dieser Personen erworben sind; dies gilt nicht, wenn der Erwerber beweist, daß ihm zur Zeit des Erwerbes eine Absicht des andern Teiles, das Recht des Gläubigers zu beeinträchtigen, nicht bekannt war, oder wenn das Recht vor dem 1. Juni 1925 auf einen nicht zum Kreise dieser Personen gehörenden Dritten übergegangen ist.

(2) Der Eintragung des Aufwertungsbetrags an der bisherigen Rangstelle steht der öffentliche Glaube des Grundbuchs und die Vorschrift des § 21 Abs. 2 nur insoweit entgegen, als der Zeitpunkt des Erwerbes eines Rechtes an dem Grundstück oder der im § 892 Abs. 2 des Bürgerlichen Gesetzbuchs bestimmte Zeitpunkt vor dem 1. Juli 1925 liegt. Die Reichsregierung bestimmt den Zeitpunkt, mit dem diese Vorschrift außer Kraft tritt.

(3) Bis zum 31. Dezember 1925 kann der Gläubiger des aufgewerteten Rechtes Verfügungen, die der Eigentümer nach der Löschung oder Umschreibung des Rechtes seit dem 1. Januar 1925 über das belastete Grundstück getroffen hat, anfechten, wenn die Verfügungen in der dem anderen Teile bekannten Absicht, die Eintragung des aufgewerteten Rechtes an der bisherigen Rangstelle zu vereiteln, vorgenommen sind. Die Vorschriften der §§ 6 bis 9, des § 11 Abs. 1 bis 3 und des § 13 des Gesetzes vom 21. Juli 1879 in der Fassung der Bekanntmachung vom 20. Mai 1898 (Reichsgesetzbl. S. 709) finden entsprechende Anwendung. An die Stelle der im § 13 Abs. 4 bezeichneten Fristen tritt eine Frist von sechs Monaten seit der Beendigung des Konkursverfahrens.

§ 23.

(1) Ist vor der Wiedereintragung der aufgewerteten Hypothek im Grundbuch des belasteten Grundstücks eine Gesamthypothek eingetragen worden, die nach den Vorschriften des § 20 der aufgewerteten Hypothek im Range vorgeht, so hat auf Antrag des Gläubigers der aufgewerteten Hypothek die Aufwertungsstelle den Betrag zu bestimmen, der auf die mitverhafteten Grundstücke entfallen würde, wenn eine angemessene Verteilung der Gesamthypothek stattfände. In Höhe dieses Betrags hat der Gläubiger der Gesamthypothek dem Gläubiger der aufgewerteten Hypothek den Vorrang einzuräumen.

(2) Der Antrag kann nur bis zum 1. Januar 1926 gestellt werden. In den Füllen der §§ 203, 204, 206, 207 des Bürgerlichen Gesetzbuchs ist der Antrag noch bis zum Ablauf von drei Monaten nach Fortfall des Hindernisses zulässig.

h) Berücksichtigung eines landesrechtlichen Sonderfalls.

§ 24.

Der Aufwertung und Eintragung nach den Vorschriften der §§ 14 bis 23 steht es nicht entgegen, daß die Hypothek aus Anlaß der Anlegung des Grundbuchs oder eines Eigentumswechsels nach landesrechtlichen Vorschriften wegen Nichtanmeldung innerhalb einer Ausschlußfrist erloschen ist.

## IV. Rückzahlung, Verzinsung, Tilgung.

### 1. Rückzahlung.

§ 25.

(1) Die Zahlung des Aufwertungsbetrages kann der Gläubiger vor dem 1. Januar 1932 weder von dem Eigentümer des belasteten Grundstücks noch von dem persönlichen Schuldner verlangen. Vorschriften in Gesetzen, Satzungen oder Verträgen, die für besondere Fälle eine vorzeitige Fälligkeit der Schuld anordnen, bleiben unberührt. Bestimmungen, die eine vorzeitige Fälligkeit der Schuld für den Fall der Rangänderung der Hypothek vorsehen, finden auf Rangänderungen, die auf den Vorschriften dieses Gesetzes beruhen, keine Anwendung.

(2) Der Eigentümer und der Schuldner sind berechtigt, den Aufwertungsbetrag nebst den fälligen Zinsen drei Monate nach Kündigung schon vor dem 1. Januar 1932 zu zahlen.

§ 26.

(1) Wenn es mit Rücksicht auf die wirtschaftliche Lage des Eigentümers oder des Schuldners zur Abwendung einer groben Unbilligkeit unabweisbar erscheint, kann die Aufwertungsstelle auf seinen Antrag anordnen, daß der Aufwertungsbetrag in Teilbeträgen, jedoch spätestens bis zum 1. Januar 1938, zu zahlen ist; die Aufwertungsstelle kann dabei bestimmen, daß schon vom 1. Januar 1930 ab Zahlungen zu leisten sind.

(2) Der Antrag ist nur bis zum 1. Januar 1927 zulässig. In den Fällen der §§ 203, 204, 206, 207 des Bürgerlichen Gesetzbuchs kann der Antrag noch drei Monate nach Fortfall des Hindernisses gestellt werden.

(3) Werden dem Eigentümer oder dem Schuldner von der Aufwertungsstelle Teilzahlungen gestattet, so ist dies auf Antrag des Eigentümers oder des Gläubigers in das Grundbuch einzutragen.

§ 27.

(1) Soweit die wirtschaftliche Lage des Gläubigers es dringend erfordert und der Eigentümer des belasteten Grundstücks oder der persönliche Schuldner hierdurch keine erhebliche Erschwerung seiner wirtschaftlichen Lage erleidet, kann die Aufwertungsstelle auf Antrag des Gläubigers anordnen, daß der Eigentümer oder der Schuldner frühestens vom 1. Januar 1926 ab den Aufwertungsbetrag ganz oder teilweise abzüglich eines Betrags für Zwischenzinsen, den die Aufwertungsstelle festsetzt, vorzeitig zu leisten hat. Die Summe der angeordneten vorzeitigen Zahlungen darf innerhalb eines Jahres höchstens 10 vom Hundert des Aufwertungsbetrags erreichen und 1000 Reichsmark nicht übersteigen. Zwischen der Bekanntmachung der Entscheidung der Aufwertungsstelle und dem ersten Zahlungstage müssen mindestens drei Monate liegen.

(2) Der Antrag ist nur bis zum 1. April 1926 zulässig. In den Fällen der §§ 203, 204, 206, 207 des Bürgerlichen Gesetzbuchs kann der Antrag noch drei Monate nach Fortfall des Hindernisses gestellt werden. Der Antrag kann nicht gestellt werden, wenn der Ertrag des belasteten Grundstücks durch eine Zwangswirtschaft zum Nachteil des Verpflichteten beschränkt worden ist.

(3) Diese Vorschriften finden keine Anwendung auf Forderungen, die der Gläubiger erst nach dem 13. Februar 1924 erworben hat; es sei denn, daß es sich um einen Rechtserwerb der im § 3 Abs. 1 Ziffer 2 bis 11 bezeichneten Art handelt.

## 2. Verzinsung und Tilgung.

§ 28.

(1) Der Aufwertungsbetrag ist bis zum 1. Januar 1925 unverzinslich. Rückständige Zinsen gelten als erlassen. Vom 1. Januar 1925 ab beträgt der Zinssatz 1,2 vom Hundert, vom 1. Juli 1925 ab 2½ vom Hundert, vom 1. Januar 1926 ab 3 vom Hundert und vom 1. Januar 1928 ab 5 vom Hundert. Insoweit dem Eigentümer des belasteten Grundstücks oder dem persönlichen Schuldner über den 1. Januar 1932 hinaus Stundung bewilligt ist, erhöht sich der Zinssatz um einen Betrag, den die Reichsregierung unter Berücksichtigung der allgemeinen Wirtschaftslage bestimmt.

(2) Wird die Hypothek infolge Aufwertung kraft Rückwirkung wieder eingetragen, so beginnt die Verzinsung erst mit dem Beginne des auf die Wiedereintragung folgenden Kalendervierteljahrs.

§ 29.

Die Verpflichtung zur Leistung von Tilgungsbeträgen ruht bis zum 1. Januar 1926. Auf Antrag des Gläubigers kann die Aufwertungsstelle, falls nicht die wirtschaftliche Lage des Eigentümers des belasteten Grundstücks oder des persönlichen Schuldners es untunlich erscheinen lassen, bestimmen, daß ein höherer als der vereinbarte Tilgungssatz zu leisten ist. Ist der Ertrag des belasteten Grundstücks durch eine Zwangswirtschaft zum Nachteil des Verpflichteten beschränkt worden, so ist der Antrag erst nach Ablauf eines Jahres seit Beendigung der Zwangswirtschaft zulässig.

§ 30.

(1) Reicht der Ertrag eines der Zwangswirtschaft unterliegenden Grundstücks zur Befriedigung des Anspruchs des Gläubigers auf Leistung der Zins- und Tilgungsbeträge nicht aus, weil Miets- oder Pachtzinszahlungen ausgeblieben sind, und kann in Anbetracht der Vorschriften über die Zwangswirtschaft durch eine anderweitige Vermietung oder Verpachtung der Ausfall nicht rechtzeitig gedeckt werden, so kann auf Antrag des Eigentümers die Zwangsver-

steigerung durch das Gericht für die Dauer von längstens sechs Monaten eingestellt werden, sofern dies zur Abwendung einer unbilligen Härte erforderlich erscheint. Die Parteien haben die tatsächlichen Behauptungen glaubhaft zu machen.

(2) Die Einstellung ist auch vor der Anordnung der Versteigerung zulässig. Sie kann mehrfach erfolgen.

(3) Erfolgt die Einstellung des Verfahrens nach der Anordnung der Versteigerung, so ist der Beschluß allen Beteiligten (§ 9 des Gesetzes über die Zwangsversteigerung und die Zwangsverwaltung) zuzustellen.

(4) Wird die Zwangsversteigerung eingestellt, so beginnt die im § 31 Abs. 2 des Gesetzes über die Zwangsversteigerung und die Zwangsverwaltung vorgesehene Frist erst mit dem Ablauf der Frist, für deren Dauer die Einstellung angeordnet ist.

## Dritter Abschnitt.

# Aufwertung von Grundschulden, Rentenschulden und Reallasten, Schiffs- und Bahnpfandrechten.

### I. Grundschulden, Rentenschulden und Reallasten.

§ 31.

(1) Auf Grundschulden finden die Vorschriften der §§ 4 bis 8 und der §§ 14 bis 30 entsprechende Anwendung. Dasselbe gilt hinsichtlich der §§ 4 bis 8 und der §§ 14 bis 24 für Rentenschulden und Reallasten; für Reallasten jedoch mit der Maßgabe, daß die Eintragung der Aufwertung (§ 6) nicht verlangt werden kann, wenn die Eintragung der Reallast unterblieben war.

(2) Wiederkehrende Leistungen, die auf Grund einer Rentenschuld oder einer Reallast geschuldet werden, sind im Jahre 1925 mit 40 vom Hundert, vom 1. Januar 1926 ab mit 60 vom Hundert und vom 1. Januar 1928 ab in voller Höhe des Aufwertungsbetrags der Jahresleistung zu bewirken. Rückständige Leistungen gelten als erlassen.

### II. Schiffs- und Bahnpfandrechte.

§ 32.

Auf Pfandrechte an im Schiffsregister eingetragenen Schiffen und an Bahneinheiten sowie auf die durch Schiffspfandrecht oder Bahnpfandrecht gesicherten Forderungen finden die Vorschriften der §§ 4 bis 6 und der §§ 8 bis 30 entsprechende Anwendung.

## Vierter Abschnitt.

# Aufwertung von Industrieobligationen und verwandten Schuldverschreibungen.

### I. Aufwertung des Anspruchs aus der Schuldverschreibung.

1. Gegenstand der Aufwertung — Aufwertungsbetrag.

§ 33.

Ansprüche aus verzinslichen oder an Stelle der Verzinsung mit einem Aufgeld rückzahlbaren Schuldverschreibungen, die auf den Inhaber lauten oder durch Indossament übertragbar sind, und die von natürlichen Personen, Personenvereinigungen oder juristischen Personen des Privatrechts ausgegeben sind, werden ohne Rücksicht darauf, ob sie durch Hypothek gesichert sind, auf 15 vom Hundert des Goldmarkbetrags aufgewertet.

### 2. Herabsetzung der Aufwertung.

§ 34.

Der Schuldner kann eine Herabsetzung der Aufwertung verlangen, wenn dies mit Rücksicht auf seine wirtschaftliche Lage zur Abwendung einer groben Unbilligkeit unabweisbar erscheint. Die Herabsetzung der Aufwertung ist nur zulässig, wenn das Verlangen vor dem 1. April 1926 bei der Aufwertungsstelle gestellt wird. In den Fällen der §§ 203, 204, 206, 207 des Bürgerlichen Gesetzbuchs kann das Verlangen noch bis zum Ablauf von drei Monaten nach Fortfall des Hindernisses gestellt werden.

### 3. Aufwertung bei Vorbehalt der Rechte, Kündigung und Auslosung.

§ 35.

(1) Trotz Bewirkung der Leistung findet die Aufwertung statt, wenn der Gläubiger sich bei der Annahme der Leistung seine Rechte vorbehalten hat.

(2) Schuldverschreibungen, die ausgelost oder gekündigt sind, aber sich noch im mittelbaren oder unmittelbaren Besitze des Gläubigers befinden, werden zu seinen Gunsten auch dann aufgewertet, wenn bereits eine Abrechnung mit dem Schuldner oder eine Hinterlegung zugunsten des Gläubigers stattgefunden hat.

(3) Schuldverschreibungen, die bei Banken zur Einlösung eingereicht sind, werden, wenn sie sich noch im Besitze der Bank befinden, zugunsten des einreichenden Gläubigers auch dann aufgewertet, wenn bereits eine Abrechnung mit dem Gläubiger oder mit dem Schuldner oder eine Hinterlegung zugunsten des Gläubigers stattgefunden hat. Eine Aufwertung zugunsten der Bank findet nicht statt. Ablieferungen aus dem Besitze der Bank an den Schuldner, die seit dem 1. Juni 1925 erfolgt sind, gelten als nicht geschehen. Entsprechendes gilt für Bankiers und andere Unternehmungen, die die Aufbewahrung und Verwaltung fremder Wertpapiere gewerbs- oder geschäftsmäßig betreiben. Die Reichsregierung wird ermächtigt, Vorschriften über die Anmeldung und den Nachweis des Rechtes der Gläubiger und für den Fall, daß die Rechte nicht rechtzeitig oder ordnungsgemäß angemeldet oder nachgewiesen werden, über den Ausschluß der Rechte zu erlassen.

(4) Gezahlte Beträge sind in den Fällen der Abs. 1 bis 3 in Höhe des Goldmarkbetrags (§§ 2, 3) auf den Aufwertungsbetrag anzurechnen. Hinterlegte Beträge kann der Schuldner auch dann zurücknehmen, wenn er auf das Recht zur Rücknahme verzichtet hatte.

(5) Liegen die Voraussetzungen der Abs. 1 bis 3 nicht vor, so kann im Falle der Bewirkung der Leistung eine Aufwertung, auch wegen ungerechtfertigter Bereicherung oder auf Grund einer Anfechtung wegen Irrtums oder aus einem anderen Rechtsgrund, nicht verlangt werden. Ansprüche wegen arglistiger Täuschung bleiben unberührt.

### 4. Rückzahlung, Verzinsung, Kündigung.

§ 36.

Für die Rückzahlung, Verzinsung und Tilgung des Aufwertungsbetrags gelten die Vorschriften der §§ 25, 26, 28, 29 entsprechend, soweit nicht die Reichsregierung etwas anderes bestimmt.

## II. Genußrecht.

### 1. Kreis der Berechtigten.

§ 37.

(1) Wer Schuldverschreibungen der im § 33 bezeichneten Art vor dem 1. Juli 1920 erworben hat und bis zur Anmeldung (§ 39 Abs. 1) Gläubiger geblieben ist (Altbesitzer), erwirbt mit dem 1. Juli 1925 neben der Aufwertung

einen Anspruch auf Beteiligung am Reingewinne des Schuldners und am Liquidationserlöse nach Maßgabe der §§ 40 bis 42 (Genußrecht). Der Beteiligung werden 10 vom Hundert des Goldmarkbetrags der Schuldverschreibung als Nennwert des Genußrechts zugrunde gelegt.

(²) Der Erwerb der im Abs. 1 bezeichneten Genußrechte durch den ersten Inhaber ist von der Gesellschaftssteuer des Kapitalverkehrssteuergesetzes befreit.

§ 38.

Schuldverschreibungen gelten auch dann als vor dem 1. Juli 1920 erworben, wenn sie

1. dem Gläubiger nach dem 30. Juni 1920 zur Erfüllung eines vor dem 1. Juli 1920 begründeten Anspruchs auf Uebereignung von einer Bank, einem Bankier, einer Sparkasse oder einer Versicherungsgesellschaft übereignet worden sind,
2. der Gläubiger von einer Bank, einem Bankier oder einer Sparkasse nach dem 30. Juni 1920 in Erfüllung eines darlehnsartigen Verwahrungsvertrags übereignet erhalten hat, falls er der Bank, dem Bankier oder der Sparkasse auf Grund des gleichen Vertrags vor dem 1. Juli 1920 erworbene Schuldverschreibungen übergeben hat und der Anspruch auf Uebereignung von Schuldverschreibungen gleicher Art und gleichen Betrags von dieser Uebergabe bis zum Erwerb ununterbrochen bestanden hat,
3. der Gläubiger von Todes wegen oder in einem der sonstigen Fälle des § 3 Abs. 1 Ziffer 2 bis 11 nach dem 30. Juni 1920, der Erblasser oder andere Rechtsvorgänger aber vorher erworben hat.

§ 39.

(¹) Schuldverschreibungen, für die die Vorrechte des Altbesitzes in Anspruch genommen werden, sind zur Vermeidung des Verlustes des Genußrechts spätestens innerhalb einer Frist von einem Monat seit Aufforderung durch den Schuldner bei diesem oder der von ihm bestimmten Stelle anzumelden. Die erforderlichen Beweismittel sind der Anmeldung beizufügen oder binnen einer weiteren Frist von einem Monat nachzureichen. Die Aufforderung erfolgt durch Bekanntmachung im Deutschen Reichsanzeiger und in den anderen für die Veröffentlichung des Schuldners bestimmten Blättern, und zwar spätestens am 30. September 1925. Ist der Schuldner eine Aktiengesellschaft oder eine Kommanditgesellschaft auf Aktien, so können Revisoren gemäß §§ 266, 267, 320 Abs. 3 des Handelsgesetzbuchs auch zur Nachprüfung der Vorgänge bei der Anerkennung des Altbesitzes bestellt werden. Das gleiche gilt für Gesellschaften mit beschränkter Haftung, eingetragene Genossenschaften, Gewerkschaften und Vereine; die Vorschriften der §§ 266, 267 des Handelsgesetzbuchs finden insoweit entsprechende Anwendung. Bei eingetragenen Genossenschaften und Vereinen bedarf es zur Ernennung von Revisoren durch das Gericht eines Antrags des zehnten Teiles der Mitglieder. Revisoren sind durch das Gericht, in dessen Bezirk der Schuldner seinen Sitz hat, auch dann zu bestellen, wenn eine gemäß §§ 3 bis 10 des Gesetzes, betreffend die gemeinsamen Rechte der Besitzer von Schuldverschreibungen, vom 4. Dezember 1899 in der Fassung des Gesetzes vom 14. Mai 1914 (Reichsgesetzbl. 1899 S. 691, 1914 S. 121) einberufene und abgehaltene Versammlung der als Altbesitzer bereits anerkannten Gläubiger dies mit einfacher Mehrheit beschließt.

(²) Die Anerkennung der Eigenschaft als Altbesitz ist auf den Schuldverschreibungen durch Stempelaufdruck kenntlich zu machen.

2. Beteiligung am Reingewinn.

§ 40.

(¹) Mit Beginn des am 1. Juli 1925 laufenden Geschäftsjahrs, jedoch frühestens mit Beginn des am 31. Dezember 1925 endenden Geschäftsjahrs wird der nach der Bilanz zur Ausschüttung an die Gewinnberechtigten zur Verfügung stehende Jahresreingewinn in folgender Weise verwendet: vorweg stehen 6 vom Hundert, berechnet auf das gewinnberechtigte Gesamtkapital, zur Verteilung an die Geschäftsinhaber oder Gesellschafter zur Verfügung. Der Ueberschuß des Reingewinns wird auf die Gesamtheit der gewinnberechtigten Geschäftsinhaber oder Gesellschafter und der Inhaber der Genußrechte in der Weise verteilt, daß für je 1 vom Hundert, das als Gewinnanteil in irgendeiner Form den Geschäftsinhabern oder Gesellschaftern zugewiesen wird, je 2 vom Hundert bis insgesamt 6 vom Hundert des Gesamtnennbetrags der Genußrechte auf die Inhaber der Genußrechte entfallen.

(²) Die auf die Genußrechte entfallenden Beträge sind bis zur Höhe des ursprünglichen Zinssatzes der Schuldverschreibung, jedoch nicht über 5 vom Hundert hinaus, zur Verzinsung, im übrigen zur Tilgung des Nennwerts des Genußrechts zu verwenden. Eine Verwendung von Mitteln für die Genußrechte findet jeweils nur für das Geschäftsjahr statt, aus dessen Gewinn die Mittel bereitgestellt werden. Die Tilgung erfolgt durch Auslosung zum Nennwert, und zwar mindestens einmal im Verlaufe zweier Geschäftsjahre.

§ 41.

Die Beteiligung der Genußrechtsinhaber am Reingewinne darf durch Kapitalserhöhungen oder sonstige Maßnahmen des Schuldners nicht beeinträchtigt werden. Ein für die als Altbesitzer anerkannten Gläubiger (§ 39) bestellter Vertreter kann darüber, ob eine solche Beeinträchtigung vorliegt und wie sie auszugleichen ist, die Entscheidung der gemäß der Vierten Verordnung zur Durchführung der Verordnung über Goldbilanzen vom 28. August 1924 (Reichsgesetzbl. I S. 697) gebildeten Spruchstelle anrufen. Der Schuldner hat der Spruchstelle alle Auskünfte zu erteilen, die für die Beurteilung der Frage, ob eine Beeinträchtigung vorliegt, zweckdienlich sind. Stellt die Spruchstelle das Vorliegen einer Beeinträchtigung fest, so ist die Maßnahme insoweit den Genußrechtsinhabern gegenüber unwirksam.

3. Beteiligung am Liquidationserlös.

§ 42.

Sind im Falle der Auflösung oder der Liquidation des Unternehmens des Schuldners die Genußrechte noch nicht getilgt oder auf andere Weise abgelöst, so ist das nach Berichtigung der Schulden verbleibende Vermögen auf die Geschäftsinhaber oder Gesellschafter einerseits und die Genußrechtsinhaber anderseits nach Maßgabe der Bestimmungen des § 40 Abs. 1 Satz 3 so lange zu verteilen, bis auf die Genußscheininhaber der Nennwert der Genußrechte ausgeschüttet ist. Die überschießenden Beträge fallen den Geschäftsinhabern oder Gesellschaftern zu.

4. Verbriefung und Ablösung der Genußrechte.

§ 43.

Der Schuldner ist berechtigt:

1. über die Genußrechte besondere, von den Schuldverschreibungen getrennte, auf den Inhaber oder, wenn die Schuldverschreibungen an Order lauten, an Order lautende Genußscheine auszugeben. Genußscheine werden nur über Nennbeträge von mindestens 20 Reichsmark und nur über durch 10 teilbare Beträge ausgegeben; die entstehenden Spitzenbeträge sind durch Zahlung des Nennbetrags abzulösen. Die Ausgabe von Genußscheinen ist auf den Schuldverschreibungen zu vermerken;
2. an Stelle der Genußrechte eine Zusatzaufwertung oder eine Barabfindung zu gewähren, die den Wert, den die Genußrechte im Zeitpunkt der Gewährung haben, nicht unterschreiten dürfen. Ob dies der Fall ist, entscheidet auf Antrag des Schuldners oder eines für die Genuß-

rechtsinhaber bestellten Vertreters die gemäß der Vierten Verordnung zur Durchführung der Verordnung über Goldbilanzen vom 28. August 1924 (Reichsgesetzbl. I S. 697) gebildete Spruchstelle. Die Spruchstelle kann die Entscheidung über einen Antrag des Schuldners gemäß Satz 2 auf Zeit zurückstellen, wenn sie der Ansicht ist, daß durch die alsbaldige Entscheidung die Gefahr einer unbilligen Benachteiligung der Genußrechtsinhaber entstehen könnte;

3. die Genußrechte durch Zahlung des Nennbetrages abzulösen.

§ 44.

Ein Beschluß über die Ausübung der im § 43 bezeichneten Befugnisse ist spätestens drei Monate nach Ablauf des im § 40 Abs. 1 bezeichneten Geschäftsjahrs in den im § 39 Abs. 1 bezeichneten Blättern bekanntzumachen. Ein Beschluß über die Ausübung der im § 43 Ziffer 2 und 3 bezeichneten Rechte kann innerhalb von drei Monaten nach Ablauf jedes Geschäftsjahrs gefaßt werden; er ist in der gleichen Weise bekanntzumachen. In der Bekanntmachung kann eine Frist bestimmt werden, nach deren Ablauf die Genußrechte nur noch in der bekanntgemachten Form ausgeübt werden können; die Frist darf nicht weniger als sechs Monate betragen.

5. Rückwirkung.

§ 45.

Auf Schuldverschreibungen, die nach dem 13. Februar 1924 zurückgezahlt sind, finden die Vorschriften der §§ 37 bis 44 Anwendung. Die Genußrechte können nur in einer der im § 43 Ziffer 1 bis 3 vorgesehenen Weise gewährt werden.

### III. Gemeinsame Verfahrensvorschrift.

§ 46.

Bei Teilschuldverschreibungen kann über die Höhe der Aufwertung, über das Verlangen auf Herabsetzung des Aufwertungsbetrags und über die Rechte aus den §§ 37 bis 45 nur einheitlich gegenüber allen Gläubigern entschieden werden. Die Entscheidung wirkt auch für und gegen die Gläubiger, die an dem Verfahren nicht beteiligt waren.

## Fünfter Abschnitt.

## Aufwertung von Pfandbriefen und verwandten Schuldverschreibungen.

### I. Art der Aufwertung.

§ 47.

Ansprüche aus Pfandbriefen, Rentenbriefen, Kommunalobligationen und anderen verzinslichen oder an Stelle der Verzinsung mit einem Aufgeld rückzahlbaren Schuldverschreibungen oder aus für Grundkredit- oder Kommunalkreditzwecke aufgenommenen verbrieften Darlehen von Grundkreditanstalten, privatrechtlichen Kommunalkreditanstalten, von Schiffsbeleihungsbanken sowie von Ablösungsanstalten werden in der Weise aufgewertet, daß die Teilungsmasse gleichmäßig unter die Gläubiger im Verhältnis der Goldmarkbeträge ihrer Ansprüche verteilt wird. Hierbei ist es unerheblich, ob den Gläubigern an der Deckung ein Pfandrecht oder ein Recht auf vorzugsweise Befriedigung im Konkurse zusteht.

## II. Teilungsmasse.

### § 48.

(1) Die Teilungsmasse besteht aus:

1. den bei Ablauf des 13. Februar 1924 als Deckung für die aufgewerteten Pfandbriefe, Rentenbriefe, Kommunalobligationen, anderen Schuldverschreibungen und Schuldurkunden bestimmten Werten;
2. den Werten, die früher zur Deckung gehört haben, soweit die Aufwertung 15 vom Hundert des Goldmarkbetrags übersteigt oder soweit die Aufwertung auf Grund der Vorschriften des § 15 über die Rückwirkung erfolgt ist;
3. einem etwa aus dem sonstigen Vermögen des Schuldners zu leistenden Beitrag.

(2) Von der Teilungsmasse ist nach näherer Bestimmung der Reichsregierung oder der von ihr bestimmten Stelle ein Beitrag zu den Verwaltungskosten abzuziehen, der 10 vom Hundert der Teilungsmasse nicht überschreiten darf.

## III. Beteiligung bei Vorbehalt der Rechte, Kündigung und Auslosung.

### § 49.

(1) Trotz Bewirkung der Leistung ist der Gläubiger bei der Verteilung zu berücksichtigen, wenn er sich bei der Annahme der Leistung seine Rechte vorbehalten hat.

(2) Schuldverschreibungen, die gekündigt oder ausgelost sind, aber sich noch im unmittelbaren oder mittelbaren Besitze des Gläubigers befinden, werden zu seinen Gunsten auch dann aufgewertet, wenn bereits eine Abrechnung mit dem Schuldner oder eine Hinterlegung zugunsten des Gläubigers stattgefunden hat.

(3) Schuldverschreibungen, die bei Banken zur Einlösung eingereicht sind, werden, wenn sie sich noch im Besitze der Bank befinden, zugunsten des einreichenden Gläubigers auch dann aufgewertet, wenn bereits eine Abrechnung mit dem Gläubiger oder mit dem Schuldner oder eine Hinterlegung zugunsten des Gläubigers stattgefunden hat. Eine Aufwertung zugunsten der Bank findet nicht statt. Ablieferungen aus dem Besitze der Bank an den Schuldner, die seit dem 1. Juni 1925 erfolgt sind, gelten als nicht geschehen. Entsprechendes gilt für Bankiers und andere Unternehmungen, die die Aufbewahrung und Verwaltung fremder Wertpapiere gewerbs- oder geschäftsmäßig betreiben. Die Reichsregierung wird ermächtigt, Vorschriften über die Anmeldung und den Nachweis des Rechtes der Gläubiger und für den Fall, daß die Rechte nicht rechtzeitig oder ordnungsgemäß angemeldet oder nachgewiesen werden, über den Ausschluß der Rechte zu erlassen.

(4) Gezahlte Beträge sind in den Fällen der Abs. 1 bis 3 in Höhe des Goldmarkbetrags (§§ 2, 3) auf den Aufwertungsbetrag anzurechnen. Hinterlegte Beträge kann der Schuldner auch dann zurücknehmen, wenn er auf das Recht zur Rücknahme verzichtet hatte.

(5) Liegen die Voraussetzungen der Abs. 1 bis 3 nicht vor, so kann im Falle der Bewirkung der Leistung eine Aufwertung auch wegen ungerechtfertigter Bereicherung oder auf Grund einer Anfechtung wegen Irrtums oder aus einem anderen Rechtsgrund nicht verlangt werden. Ansprüche wegen arglistiger Täuschung bleiben unberührt.

## IV. Durchführung der Aufwertung.

### § 50.

Die Reichsregierung oder die von ihr bestimmte Stelle trifft die näheren Bestimmungen zur Feststellung der bei der Verteilung zu berücksichtigenden Ansprüche, über die Bildung und Verteilung der Teilungsmasse sowie über den von dem Schuldner zu der Teilungsmasse zu leistenden Beitrag; sie kann bestimmen, daß die Gläubiger durch Gewährung von Goldpfandbriefen oder sonst in anderer Weise befriedigt werden und kann das Abfindungsverfahren regeln. Sie kann ferner Vorschriften zur Sicherstellung der Teilungsmasse und zur Erleichterung und Beschleunigung ihrer Liquidierung erlassen und darüber hinaus zur Ergänzung der Vorschriften dieses Gesetzes die Anordnungen treffen, die sie zur Durchführung der Aufwertung für notwendig erachtet.

## Sechster Abschnitt.

## Aufwertung von Schuldverschreibungen der Genossenschaften des öffentlichen Rechtes und verwandter Körperschaften als Unternehmer wirtschaftlicher Betriebe.

### I. Aufwertungsbetrag.

§ 51.

(1) Ansprüche aus verzinslichen oder an Stelle der Verzinsung mit einem Aufgeld rückzahlbaren auf den Inhaber lautenden oder durch Indossament übertragbaren Schuldverschreibungen, die von juristischen Personen des öffentlichen Rechtes als Unternehmer wirtschaftlicher Betriebe ausgegeben sind, werden ohne Rücksicht darauf, ob sie durch Hypothek gesichert sind, auf 15 vom Hundert des Goldmarkbetrags aufgewertet.

(2) Ob im Einzelfalle die Voraussetzungen des Abs. 1 vorliegen, entscheidet der Reichsminister der Justiz mit Zustimmung des Reichsrats.

(3) Die Länder werden ermächtigt, die Aufwertung von Ansprüchen aus Schuldverschreibungen öffentlich-rechtlicher Kreditanstalten, abweichend von den Vorschriften der §§ 51 bis 54, auf der Grundlage der §§ 47 bis 50 zu regeln, soweit diese auf die bezeichneten Schuldverschreibungen nicht ohnehin Anwendung finden.

### II. Herabsetzung der Aufwertung.

§ 52.

Der Schuldner kann eine Herabsetzung der Aufwertung verlangen, wenn dies mit Rücksicht auf seine wirtschaftliche Lage zur Abwendung einer groben Unbilligkeit unabweisbar erscheint. Die Herabsetzung der Aufwertung ist nur zulässig, wenn das Verlangen vor dem 1. April 1926 bei der Aufwertungsstelle gestellt wird. In den Fällen der §§ 203, 204, 206, 207 des Bürgerlichen Gesetzbuchs kann das Verlangen noch bis zum Ablauf von drei Monaten nach Fortfall des Hindernisses gestellt werden.

### III. Aufwertung bei Vorbehalt der Rechte, Kündigung und Auslosung.

§ 53.

(1) Trotz Bewirkung der Leistung findet die Aufwertung statt, wenn der Gläubiger sich bei der Annahme der Leistung seine Rechte vorbehalten hat.

(2) Schuldverschreibungen, die gekündigt oder ausgelost sind, aber sich noch im unmittelbaren oder mittelbaren Besitze des Gläubigers befinden, werden zu seinen Gunsten auch dann aufgewertet, wenn bereits eine Abrechnung mit dem Schuldner oder eine Hinterlegung zugunsten des Gläubigers stattgefunden hat.

(3) Schuldverschreibungen, die bei Banken zur Einlösung eingereicht sind, werden, wenn sie sich noch im Besitze der Bank befinden, zugunsten des einreichenden Gläubigers auch dann aufgewertet, wenn bereits eine Abrechnung

mit dem Gläubiger oder mit dem Schuldner oder eine Hinterlegung zugunsten des Gläubigers stattgefunden hat. Eine Aufwertung zugunsten der Bank findet nicht statt. Ablieferungen aus dem Besitze der Bank an den Schuldner, die seit dem 1. Juni 1925 erfolgt sind, gelten als nicht geschehen. Entsprechendes gilt für Bankiers und andere Unternehmungen, die die Aufbewahrung und Verwaltung fremder Wertpapiere gewerbs- oder geschäftsmäßig betreiben. Die Reichsregierung wird ermächtigt, Vorschriften über die Anmeldung und den Nachweis des Rechtes der Gläubiger und für den Fall, daß die Rechte nicht rechtzeitig oder ordnungsgemäß angemeldet oder nachgewiesen werden, über den Ausschluß der Rechte zu erlassen.

(4) Bezahlte Beträge werden in den Fällen der Abs. 1 bis 3 zum Goldmarkbetrag (§§ 2, 3) auf den Betrag der Aufwertung angerechnet. Hinterlegte Beträge kann der Schuldner auch dann zurücknehmen, wenn er auf das Recht zur Rücknahme verzichtet hatte.

(5) Liegen die Voraussetzungen der Abs. 1 bis 3 nicht vor, so kann im Falle der Bewirkung der Leistung eine Aufwertung auch wegen ungerechtfertigter Bereicherung oder auf Grund einer Anfechtung wegen Irrtums oder aus einem anderen Rechtsgrund nicht verlangt werden. Ansprüche wegen arglistiger Täuschung bleiben unberührt.

### IV. Rückzahlung, Verzinsung, Tilgung.

§ 54.

Für die Rückzahlung, Verzinsung und Tilgung der Aufwertungsbeträge gelten die Vorschriften der §§ 25, 26, 28, 29 entsprechend, soweit nicht die Reichsregierung etwas anderes bestimmt.

## Siebenter Abschnitt.

# Aufwertung von Sparkassenguthaben.

### I. Art der Aufwertung.

§ 55.

(1) Sparguthaben bei öffentlichen oder unter Staatsaufsicht stehenden Sparkassen werden in der Weise aufgewertet, daß die Teilungsmasse von einem Treuhänder unter die Gläubiger verteilt wird. Der von dem Treuhänder aufgestellte Teilungsplan bedarf der Genehmigung der obersten Landesbehörde oder einer von ihr bestimmten Stelle. Mit der Genehmigung wird der Teilungsplan verbindlich.

(2) Der bei der Verteilung auf die Sparguthaben entfallende Betrag soll mindestens 12½ vom Hundert des Goldmarkbetrags erreichen, möglichst aber dem Aufwertungssatz entsprechen, der sich für die Anleihen des Schuldners oder seines Garanten ergibt.

### II. Teilungsmasse.

§ 56.

Die Teilungsmasse besteht aus dem aufgewerteten Sparkassenvermögen und einem etwa aus dem sonstigen Vermögen des Schuldners oder durch den Garanten zu leistenden Beitrag unter Abzug eines etwa zu den Verwaltungskosten zu gewährenden Beitrags.

### III. Beteiligung an der Teilungsmasse.

§ 57.

(1) Die Gläubiger werden im Verhältnis des Goldmarkbetrags ihrer Forderungen berücksichtigt. Ist ein Guthaben von einer Sparkasse auf eine andere Sparkasse überwiesen worden, so ist der Gläubiger mit dem Goldmarkbetrage zur Zeit des Erwerbes der Forderung gegen die erste Sparkasse bei der Tei-

lungsmasse zu berücksichtigen, die bei der zweiten Sparkasse zu bilden ist. Die oberste Landesbehörde oder die von ihr bestimmte Stelle ordnet einen Ausgleich zwischen beiden Sparkassen an; sind mehrere Länder beteiligt, so entscheiden sie in gegenseitigem Einvernehmen.

(²) Bereits ausgezahlte Guthaben werden bei der Verteilung berücksichtigt, wenn der Gläubiger sich bei der Annahme der Leistung seine Rechte vorbehalten hat. Die Zahlung ist unbeschadet der Vorschrift im § 58 Ziffer 3 in Höhe des Goldmarkbetrags (§§ 2, 3) anzurechnen. Mangels eines Vorbehalts der Rechte kann unbeschadet einer etwa auf Grund des § 58 Ziffer 3 angeordneten Rückwirkung die Aufwertung ausgezahlter Guthaben auch wegen ungerechtfertigter Bereicherung oder auf Grund einer Anfechtung wegen Irrtums oder aus einem anderen Rechtsgrund nicht verlangt werden. Ansprüche wegen arglistiger Täuschung bleiben unberührt.

## IV. Durchführung der Aufwertung.

### § 58.

Die obersten Landesbehörden oder die von ihnen bestimmten Stellen werden ermächtigt,

1. die Anmeldung der Guthaben innerhalb einer Ausschlußfrist vorzuschreiben;
2. einen Goldmarkbetrag zu bestimmen, den die Guthaben erreichen müssen, um bei der Verteilung berücksichtigt zu werden und Vorschriften über die Ablösung der Guthaben, die bei der Verteilung nicht berücksichtigt werden, zu erlassen;
3. anzuordnen, daß Einzahlungen und Auszahlungen, die nach bestimmtem Stichtag erfolgt sind, bei der Aufwertung unberücksichtigt bleiben; die Stichtage dürfen jedoch nicht vor dem 15. Juni 1922 liegen;
4. die Leistung eines Beitrags zur Teilungsmasse aus dem sonstigen Vermögen des Schuldners oder durch den Garanten vorzuschreiben. Hierbei kann eine Beitragsleistung auch solcher öffentlich-rechtlichen Körperschaften vorgeschrieben werden, die, ohne Garant der Sparkasse zu sein, nach deren Satzung an den Ueberschüssen der Sparkasse zu beteiligen sind oder ohne satzungsmäßige Bestimmung tatsächlich innerhalb der letzten 15 Jahre regelmäßig mit einem erheblichen Anteil an den Ueberschüssen teilgenommen haben;
5. nähere Bestimmungen über den zur Teilungsmasse zu leistenden Beitrag zu treffen;
6. sonstige Bestimmungen über die Bildung und Verteilung der Teilungsmasse sowie über ihre Liquidierung zu treffen; insbesondere zu gestatten, daß den Schuldnern aufgewerteter Rechte der Sparkassen und den Eigentümern zur Sicherung dieser Rechte belasteter Grundstücke für den Fall vorzeitiger Leistung zur Teilungsmasse eine Kürzung der Schuld oder andere Vergünstigungen gewährt werden;
7. einen einheitlichen Aufwertungssatz (Einheitssatz für sämtliche Sparkassen eines Landes oder einzelner Landesteile oder für bestimmte Arten von Sparkassen (städtische, Bezirks-, Kreis-, Provinzialsparkassen und ähnliche) festzusetzen und zu bestimmen, daß in solchem Falle die Bildung einer Teilungsmasse sowie die Bestellung eines Treuhänders unterbleiben darf. Der Einheitssatz wird unter Zugrundelegung des Gesamtbetrags der aufgewerteten Sparkassenvermögen schätzungsmäßig festgesetzt und darf nicht unterhalb desjenigen Satzes liegen, der sich aus dem Verhältnis der aufgewerteten Sparkassenvermögen zu den aufgewerteten Sparguthaben ergibt;
8. Vorschriften über die Aufbringung der für die Aufwertung zu einem Einheitssatze (Ziffer 7) erforderlichen Beiträge zu treffen; hierbei kann eine Beitragsleistung auch solcher öffentlich-rechtlichen Körperschaften vorgeschrieben werden, die, ohne Garant der Sparkasse zu sein, nach

deren Satzung an den Ueberschüssen der Sparkasse zu beteiligen sind oder ohne satzungsmäßige Bestimmung tatsächlich innerhalb der letzten 15 Jahre regelmäßig mit einem erheblichen Anteil an den Ueberschüssen teilgenommen haben;

9. einen Mindestsatz für die Aufwertung zu bestimmen;
10. für mehrere Sparkassen die Zusammenlegung der Teilungsmassen und ihre einheitliche Verteilung unter die Gläubiger dieser Sparkassen anzuordnen;
11. die Gewährung eines Beitrags zu den Verwaltungskosten vorzuschreiben und Grundsätze für die Bemessung des Verwaltungskostenbeitrags zu geben;
12. zu bestimmen, daß die Auswechslung von zum Sparkassenvermögen gehörigen Hypotheken zwischen zwei Sparkassen aus Anlaß der Abtretung deutschen Gebiets auf Grund des Versailler Vertrags für die Feststellung des Erwerbstags außer Betracht bleibt.

## Achter Abschnitt.

## Aufwertung von Versicherungsansprüchen.

### I. Geltungsgebiet.

### § 59.

(1) Versicherungsansprüche im Sinne der §§ 60, 61 sind die Ansprüche der Versicherten aus Lebensversicherungsverträgen, ferner die Ansprüche der Versicherten aus solchen Kranken-, Unfall- und Haftpflichtversicherungsverträgen, für die nach gesetzlichen Bestimmungen oder nach Vorschrift der Aufsichtsbehörde vor dem 14. Februar 1924 ein Prämienreservefonds im Sinne der §§ 56 ff. des Versicherungsaufsichtsgesetzes zu bilden war, mit Ausnahme von Ansprüchen aus Haftpflichtversicherungsverträgen mit unbegrenzter Deckung. Als Lebensversicherung gilt die Versicherung auf den Lebensfall, auf den Todesfall, Kapitalversicherung, Rentenversicherung usw., ferner die Invaliditäts-, Alters-, Witwen-, Waisen-, Aussteuer- und Militärdienstversicherung, gleichviel ob auf Kapital oder Rente.

(2) Die Reichsregierung oder die von ihr bestimmte Stelle wird ermächtigt, Bestimmungen über die Voraussetzungen, die Art und die Höhe der Aufwertung von Ansprüchen der Versicherten aus Versicherungsverträgen anderer Art zu erlassen.

### II. Gegenstand und Art der Aufwertung.

### § 60.

(1) Versicherungsansprüche werden in der Weise aufgewertet, daß das aufgewertete Vermögen der Versicherungsunternehmung nebst einem etwa aus dem sonstigen Vermögen des Schuldners zu leistenden Beitrag einem Treuhänder überwiesen wird.

(2) Der Treuhänder hat den ihm überwiesenen Betrag (Aufwertungsstock) nach Abzug der Verwaltungskosten zugunsten der Versicherten nach einem von der Aufsichtsbehörde genehmigten Teilungsplane zu verwenden. Mit der Genehmigung durch die Aufsichtsbehörde wird der Teilungsplan verbindlich.

(3) Trotz der Bewirkung der Leistung nimmt der Gläubiger an der Verteilung des Aufwertungsstocks teil, wenn er sich bei der Annahme der Leistung seine Rechte vorbehalten hat. Hat der Gläubiger die Leistung in der Zeit vom 15. Juni 1922 bis zum 14. Februar 1924 angenommen, so wird er an dem Aufwertungsstock auch dann beteiligt, wenn er sich bei der Annahme der Leistung seine Rechte nicht vorbehalten hat (Rückwirkung). Die Zahlungen sind unbeschadet der Vorschrift im § 61 in Höhe des Goldmarkbetrags (§§ 2, 3) anzurechnen. Liegen diese Voraussetzungen nicht vor, so kann im Falle der

Bewirkung der Leistung die Aufwertung auch wegen ungerechtfertigter Bereicherung oder auf Grund einer Anfechtung wegen Irrtums oder aus einem andern Rechtsgrund nicht verlangt werden. Ansprüche wegen arglistiger Täuschung bleiben unberührt.

III. Durchführung der Aufwertung.

§ 61.

Die Reichsregierung oder die von ihr bestimmte Stelle trifft die näheren Bestimmungen über die Berechnung der Versicherungsansprüche, über die Bildung, Erhaltung, Liquidierung und Verteilung des Aufwertungsstocks sowie über den von dem Schuldner zum Aufwertungsstocke zu leistenden Beitrag; sie kann einen Goldmarkbetrag bestimmen, den die Versicherungsansprüche erreichen müssen, um bei der Verteilung berücksichtigt zu werden. Sie kann zulassen, daß in besonderen Fällen die Durchführung des Aufwertungsverfahrens in anderer Weise als durch Ueberweisung des Aufwertungsstocks an einen Treuhänder erfolgt und besondere Vorschriften für Ansprüche aus Versicherungsverträgen mit ausländischen, nicht unter Reichsaufsicht stehenden Unternehmungen erlassen. Darüber hinaus kann sie zur Ergänzung der Vorschriften dieses Gesetzes die Anordnungen treffen, die sie zur Durchführung der Aufwertung für notwendig erachtet.

## Neunter Abschnitt.

## Aufwertung anderer Ansprüche.

### I. Allgemeine Bestimmung.

§ 62.

Die Aufwertung anderer als der in den §§ 4 bis 61 bezeichneten Ansprüche richtet sich nach den allgemeinen Vorschriften, soweit sich nicht aus den Vorschriften der §§ 63 bis 66 ein anderes ergibt.

### II. Aufwertung von Vermögensanlagen.

§ 63.

(1) Die Aufwertung von Vermögensanlagen darf 25 vom Hundert des Goldmarkbetrags (§§ 2, 3) nicht übersteigen. Die Vorschriften der §§ 14, 15, 17 bis 19 über den Vorbehalt der Rechte und die Rückwirkung finden entsprechende Anwendung.

(2) Als Vermögensanlagen im Sinne des Abs. 1 gelten nicht:

1. Ansprüche aus Gesellschaftsverträgen und anderen Beteiligungsverhältnissen;
2. Ansprüche aus Gutsüberlassungsverträgen sowie Ansprüche, die auf den Beziehungen aus der Auseinandersetzung unter Miterben, unter Ehegatten, unter geschiedenen Ehegatten, unter Eltern und Kindern oder zwischen Erben und Pflichtteilberechtigten oder Vermächtnisnehmern beruhen;
3. Ansprüche, die auf den Beziehungen zwischen unterhaltsberechtigten und unterhaltsverpflichteten Personen beruhen;
4. Ansprüche auf wiederkehrende Leistungen, die bei Abfindungen, Auseinandersetzungen, Ueberlassungen oder ähnlichen Rechtsvorgängen begründet sind;
5. Ansprüche auf Entrichtung eines Erbbauzinses;
6. Guthaben bei Fabrik- oder Werksparkassen sowie Ansprüche an Betriebs-Pensionskassen (§ 64). Die Vorschrift, daß die Guthaben und Ansprüche kraft Gesetzes nicht Vermögensanlage sind, gilt nicht, soweit die Mittel der Kasse aus freiwilligen Zuwendungen des Arbeitgebers herrühren; sie gilt auch nicht, sofern das Vermögen der Kasse gesondert vom Be-

triebsvermögen des Arbeitgebers zu verwalten und anzulegen war und verwaltet und angelegt worden ist.

(3) Als Vermögensanlagen im Sinne des Abs. 1 gelten ferner nicht Ansprüche aus gegenseitigen Verträgen. Soweit zum Zwecke der Versorgung von Arbeitern oder Angestellten eine Versicherung abgeschlossen ist, bleiben etwa daneben bestehende Versorgungsansprüche aus dem Anstellungsverhältnis unberührt. Ist der Arbeiter oder Angestellte bei seinem Arbeitgeber versichert, so wird das Vorliegen eines solchen Versorgungsanspruchs aus dem Dienstvertrage vermutet.

(4) In den Fällen des Abs. 1 sowie des Abs. 2 Ziffer 1 bis 4 kann das Gericht über die Fälligkeit und die Verzinsung nach billigem Ermessen entscheiden. Ueber das aus §§ 25, 26, 28 ersichtliche Maß hinaus darf jedoch ohne Zustimmung des Gläubigers Stundung oder Zinsermäßigung nicht gewährt werden.

(5) Die Länder werden ermächtigt, im Wege der Gesetzgebung Vorschriften über die Aufwertung von Erbpachtzinsen (Kanon), Grundmieten, Erbleihen und ähnlichen Ansprüchen zu erlassen.

## III. Aufwertung von Guthaben bei Fabrik- und Werksparkassen sowie von Ansprüchen an Betriebs-Pensionskassen.

### § 64.

Ueber die Höhe der Aufwertung der Guthaben bei Fabrik- und Werksparkassen sowie der Ansprüche an Betriebs-Pensionskassen entscheidet im Streitfall die Aufwertungsstelle. Die Reichsregierung wird ermächtigt, nähere Bestimmungen über die Abgrenzung des Begriffs der Fabrik- und Werksparkasse und der Betriebs-Pensionskasse, der freiwilligen Zuwendungen und der gesonderten Verwaltung und Anlegung, über den Ausgleich der Guthaben durch geleistete Zahlungen sowie über Zeit und Art der Auszahlung der Guthaben, ferner über die Zusammensetzung und das Verfahren der Aufwertungsstelle zu treffen.

## IV. Aufwertung von Kontokorrentforderungen und Bankguthaben.

### 1. Aufwertung von Kontokorrentforderungen.

### § 65.

Ansprüche aus einem Kontokorrent oder einer anderen laufenden Rechnung, einschließlich der Ansprüche aus dem Postscheckverkehr, werden ohne Rücksicht darauf, ob sie durch Hypothek gesichert sind, unbeschadet anderweitiger Vereinbarungen nicht aufgewertet, es sei denn, daß es sich um eine Einlage des Arbeitnehmers bei seinem Arbeitgeber oder um Ansprüche der im § 63 Abs. 2 bezeichneten Art handelt.

### 2. Aufwertung von Bankguthaben.

### § 66.

(1) Ansprüche aus einem Darlehen oder einem Verwahrungsvertrage der im § 700 des Bürgerlichen Gesetzbuchs bezeichneten Art werden ohne Rücksicht darauf, ob sie durch Hypothek gesichert sind, unbeschadet anderweitiger Vereinbarungen, nicht aufgewertet, wenn sie sich gegen ein Unternehmen richten, dessen Geschäftsbetrieb der Anschaffung und Darleihung von Geld dient und nicht der Schuldner das Geld vereinbarungsgemäß in wertbeständigen oder aufgewerteten Vermögensgegenständen anzulegen hat.

(2) Die Vorschrift des Abs. 1 gilt nicht, wenn es sich um eine Einlage des Arbeitnehmers bei seinem Arbeitgeber oder um Ansprüche der im § 63 Abs. 2 bezeichneten Art handelt.

(3) Darlehnsansprüche der im Abs. 1 bezeichneten Art sind wie Vermögensanlagen aufzuwerten, wenn sie aus einer ehemaligen Geschäftsbeteiligung entstanden sind und als solche mehr als 5 Jahre bestanden haben.

## Zehnter Abschnitt.

# Vergleiche und andere Vereinbarungen über die Aufwertung — Gerichtliche Entscheidungen.

### I. Vergleiche und andere Vereinbarungen.

§ 67.

(1) Vergleiche über Ansprüche der in den §§ 4 bis 61 und im § 63 Abs. 1 bezeichneten Art, die den Zweck hatten, den Streit oder die Ungewißheit über die Höhe des infolge der Geldentwertung zu zahlenden Betrags zu beseitigen, bleiben mit der aus Abs. 2 sich ergebenden Ausnahme unberührt. Soweit der vereinbarte Aufwertungsbetrag 25 vom Hundert des Goldmarkbetrags übersteigt, gilt die Vereinbarung als Begründung eines neuen Schuldverhältnisses. Betrifft der Vergleich eine Hypothek, Grundschuld, Rentenschuld oder Reallast oder ein Schiffs- oder Bahnpfandrecht, so findet die Vorschrift des § 6 bis zur Höhe von 25 vom Hundert des Goldmarkbetrags Anwendung.

(2) Der Aufwertung nach den Vorschriften dieses Gesetzes steht ein Vergleich nicht entgegen, wenn er in der Zeit vom 15. Juni 1922 bis zum 14. Februar 1924 geschlossen ist. Dies gilt nicht, wenn der Gläubiger Kaufmann war und den Vergleich im Betriebe seines Handelsgewerbes geschlossen hat; soweit die Aufwertung zugunsten einer Teilungsmasse (Aufwertungsstock) erfolgt (§§ 48, 51 Abs. 3, §§ 56, 60), bewendet es bei der Vorschrift des Satzes 1.

(3) Vereinbarungen über die Aufwertung können auch in Zukunft getroffen werden. Die Vorschriften des Abs. 1 Satz 2, 3 finden Anwendung.

### II. Gerichtliche Entscheidungen.

§ 68.

(1) Ist die Aufwertung von Ansprüchen der in den §§ 4 bis 61 und im § 63 Abs. 1 bezeichneten Art durch eine rechtskräftige gerichtliche Entscheidung geregelt, so behält es dabei mit den aus Abs. 2 sich ergebenden Maßnahmen sein Bewenden.

(2) Der Anwendung der §§ 15 bis 24 über die Aufwertung kraft Rückwirkung steht eine rechtskräftige Entscheidung nicht entgegen.

## Elfter Abschnitt.

# Aufwertungsverfahren.

### I. Zuständigkeit der Aufwertungsstelle.

#### 1. Gesetzliche Zuständigkeit.

§ 69.

Besteht Streit darüber, in welcher Höhe Ansprüche der im § 4 bis 54 bezeichneten Art aufgewertet sind, so entscheidet hierüber ausschließlich die Aufwertungsstelle. Dies gilt auch für den Fall, daß die Höhe der Aufwertung der durch Hypothek gesicherten Forderung sich nach allgemeinen Vorschriften bestimmt (§ 10).

§ 70.

Die Aufwertungsstelle ist, soweit es sich um Ansprüche der in den §§ 4 bis 54 und im § 64 bezeichneten Art handelt, weiter zuständig:

1. für die Ermittlung des Wehrbeitragswerts im Falle des § 7 Abs. 2;
2. für die Entscheidung über die Härtevorschriften der §§ 8, 15, 16, 34, 52;
3. für die Aufteilung einer Gesamthypothek im Falle des § 23;
4. für die Anordnung einer Teil- oder Vorleistung im Falle der §§ 26, 27;
5. für die Entscheidung über die Höhe der Aufwertung der Guthaben bei Fabrik- und Werksparkassen und der Ansprüche an Betriebs-Pensionskassen gemäß § 64.

### 2. Vereinbarte Zuständigkeit.

§ 71.

Die Zuständigkeit der Aufwertungsstelle kann für die Entscheidung der Frage, ob ein nach den Vorschriften dieses Gesetzes aufgewerteter Anspruch besteht, sowie auch für andere mit der Aufwertung zusammenhängende Ansprüche vereinbart werden, auf die sich die Vorschriften der §§ 1 bis 54 und des § 64 nicht erstrecken.

## II. Einrichtung der Aufwertungsstelle.

§ 72.

Die Aufwertungsstelle wird von der Reichsregierung nach Anhörung des Reichsrats bestimmt. Die Reichsregierung kann mit Zustimmung des Reichsrats die obersten Landesbehörden zur Bezeichnung von Aufwertungsstellen ermächtigen.

## III. Verfahren vor der Aufwertungsstelle.

### 1. Allgemeine Vorschriften.

§ 73.

(1) Soweit nicht in diesem Abschnitt oder auf Grund des § 64 etwas anderes bestimmt ist, finden auf das Verfahren die Vorschriften des Reichsgesetzes über die Angelegenheiten der freiwilligen Gerichtsbarkeit sinngemäß Anwendung; die Reichsregierung kann mit Zustimmung des Reichsrats die Bestimmungen treffen, die sie zum Zwecke der Anpassung an die besonderen Bedürfnisse des Aufwertungsverfahrens für nötig erachtet.

(2) Die Aufwertungsstelle hat den Versuch einer gütlichen Einigung zu machen, sofern nicht die Erfolglosigkeit des Sühneverfahrens mit Bestimmtheit vorherzusehen ist.

### 2. Rechtsmittel.

§ 74.

(1) Gegen die Entscheidung der Aufwertungsstelle findet die sofortige Beschwerde statt. Ueber die sofortige Beschwerde entscheidet das Landgericht. Gegen die Entscheidung des Beschwerdegerichts ist die sofortige weitere Beschwerde an das Oberlandesgericht zulässig, wenn die Entscheidung auf einer Verletzung des Gesetzes beruht. Die Frage, ob im einzelnen Falle die Vorschriften der §§ 8 Abs. 1, 15, 34, 52 richtig angewendet sind, unterliegt nicht der Nachprüfung durch das Oberlandesgericht. Die Vorschriften des § 28 Abs. 2, 3 und des § 199 des Reichsgesetzes über die Angelegenheiten der freiwilligen Gerichtsbarkeit finden entsprechende Anwendung.

(2) Gegen die Entscheidung der Aufwertungsstelle kann unter Uebergehung der Beschwerdeinstanz unmittelbar die sofortige weitere Beschwerde eingelegt werden, wenn der Gegner einwilligt. Die schriftliche Erklärung der Einwilligung ist bei der Einlegung der sofortigen weiteren Beschwerde einzureichen.

### 3. Rechtskraft und Vollstreckbarkeit.

§ 75.

Die rechtskräftige Entscheidung der Aufwertungsstelle ist für die Gerichte und Verwaltungsbehörden bindend. Aus der rechtskräftigen Entscheidung der Aufwertungsstelle über die Kosten sowie aus einem vor der Aufwertungsstelle abgeschlossenen Vergleich findet die Zwangsvollstreckung nach den Vorschriften der Zivilprozeßordnung statt; das gleiche gilt für rechtskräftige Entscheidungen, für die die Zuständigkeit der Aufwertungsstelle vereinbart ist.

### 4. Kosten.

§ 76.

(1) Die Aufwertungsstelle erhebt nach Maßgabe der Durchführungsbestimmungen eine Gebühr und verteilt die Kosten auf die Beteiligten nach billigem Ermessen.

(2) Die Reichsregierung wird ermächtigt, weitere Vorschriften über die in Aufwertungssachen erwachsenden Gebühren und Kosten zu erlassen.

### IV. Aussetzung des Verfahrens vor dem Prozeßgericht.

§ 77.

In bürgerlichen Rechtsstreitigkeiten ist das Verfahren auf Antrag auszusetzen, soweit die Entscheidung von der Höhe der Aufwertung eines der in den §§ 4 bis 61, § 64 bezeichneten Ansprüche abhängt. Der Antrag auf Aussetzung kann vor dem Gerichtsschreiber zu Protokoll erklärt werden.

## Zwölfter Abschnitt.

# Schluß- und Übergangsbestimmungen.

### I. Leistungen aus der Zeit vor dem Inkrafttreten des Gesetzes.

§ 78.

Eine Aufwertung nach den Vorschriften dieses Gesetzes findet auch dann statt, wenn der Gläubiger nach dem 13. Februar 1924 eine Leistung angenommen hat. Dies gilt auch dann, wenn die Leistung auf Grund einer gerichtlichen Entscheidung bewirkt ist. Die Leistung ist in Höhe des Goldmarkbetrags (§§ 2, 3) auf den Aufwertungsbetrag anzurechnen. Die Vorschriften der §§ 16, 18 bis 24 finden entsprechende Anwendung.

§ 79.

(1) Dem Verwalter eines fremden Vermögens fällt ein zum Schadenersatze verpflichtendes Verschulden nicht zur Last, wenn er im Vertrauen auf den Stand der Gesetzgebung oder der Rechtsprechung bei der Annahme von Leistungen oder den sonstigen Verfügungen über Ansprüche, die der Aufwertung nach den Vorschriften dieses Gesetzes unterliegen, mit einer Aufwertung nicht gerechnet hat.

(2) Die Vorschrift des Abs. 1 findet entsprechende Anwendung auf Personen, die bei der Erteilung von Rat oder Auskunft mit einer Aufwertung nicht gerechnet haben.

### II. Bilanzvorschriften.

§ 80.

Ist vor dem Inkrafttreten dieses Gesetzes eine Bilanz nach Maßgabe der bisherigen Vorschriften über die Aufwertung aufgestellt worden, so hat es hierbei sein Bewenden. Eine auf die Vorschriften dieses Gesetzes gegründete Beanstandung der Bilanz durch die Beteiligten wird, soweit eine hierfür bestimmte Frist beim Inkrafttreten dieses Gesetzes noch nicht abgelaufen ist, hierdurch nicht ausgeschlossen.

§ 81.

(1) Hat eine Aktiengesellschaft einen der Aufwertung unterliegenden Anspruch als Passivum in die Bilanz eingestellt und ergibt sich auf Grund der Vorschriften dieses Gesetzes für den Anspruch eine höhere Aufwertung als bisher, so ist die Aktiengesellschaft berechtigt, den Unterschied zwischen dem nach den bisherigen Vorschriften maßgebenden Aufwertungsbetrag und dem höheren

Betrage, der sich auf Grund der neuen Vorschriften ergibt, als Aufwertungsausgleichsposten in die Aktiva der Bilanz einzustellen. Entsprechendes gilt, wenn ein in der Bilanz nicht berücksichtigter Anspruch erst durch dieses Gesetz aufgewertet ist.

(²) Macht die Gesellschaft von dieser Befugnis Gebrauch, so ist sie verpflichtet,

1. in der Bilanz den Bestand an den durch dieses Gesetz erhöht oder neu aufgewerteten Schulden gesondert anzugeben und sie gesondert von anderen Schulden zu bewerten;
2. das Aufwertungsausgleichskonto durch jährliche Abschreibungen nach den Grundsätzen kaufmännischer Geschäftsgebarung zu tilgen. Die Länder können allgemein oder für den einzelnen Fall den Mindestbetrag der Abschreibungen festsetzen.

(³) Diese Vorschriften finden auf eingetragene Genossenschaften, auf Unternehmungen anderer Art, für deren Bilanzen kraft Gesetzes oder auf Grund der Satzung die für Aktiengesellschaften geltenden bilanzrechtlichen Bestimmungen des Handelsgesetzbuchs maßgebend sind, sowie auf Gesellschaften mit beschränkter Haftung entsprechende Anwendung.

(⁴) Der Reichsminister der Justiz wird ermächtigt, Unternehmungen, die den Verpflichtungen gemäß Abs. 2, 3 zuwiderhandeln, die im Abs. 1 gewährte Befugnis zu entziehen.

## III. Anhängige Rechtsstreitigkeiten.

### 1. Erledigung.

### § 82.

Findet infolge der Vorschriften dieses Gesetzes ein anhängiger Rechtsstreit seine Erledigung, so trägt jede Partei die ihr entstandenen außergerichtlichen Kosten. Die Gerichtskosten werden niedergeschlagen.

### 2. Fortbetrieb.

### § 83.

Hat in einem anhängigen Rechtsstreit auf Grund des Gesetzes, betreffend Aussetzung des Verfahrens vor Gerichten und Aufwertungsstellen, vom 17. Februar 1925 (Reichsgesetzbl. I S. 15) eine Aussetzung der Verhandlung stattgefunden, so hat das Gericht auf Antrag einer Partei die Anordnung der Aussetzung wieder aufzuheben; entsprechendes gilt für das Verfahren vor der Aufwertungsstelle. Dies gilt nicht für das Rechtsmittelverfahren vor den Finanzgerichten und dem Reichsfinanzhof, soweit es sich um Ansprüche auf Grund der Vorschriften der Dritten Steuernotverordnung über den Geldentwertungsausgleich bei Schuldverschreibungen und der zu ihrer Durchführung erlassenen Bestimmungen handelt.

## IV. Aufwertungsansprüche Hilfsbedürftiger.

### § 84.

Bei der Festsetzung einer Unterstützung öffentlich-rechtlicher Art bleibt das Einkommen des Hilfsbedürftigen aus Ansprüchen, die der Aufwertung nach diesem Gesetz unterliegen, außer Ansatz, soweit es den Betrag von 270 Reichsmark für das Jahr nicht übersteigt. Erhält der Hilfsbedürftige zugleich eine Vorzugsrente nach Maßgabe §§ 18 bis 26, 37 des Gesetzes über die Ablösung öffentlicher Anleihen, so bleiben die im Satz 1 bezeichneten Einnahmen und die Vorzugsrente bis zum Gesamtbetrage von 270 Reichsmark für das Jahr außer Ansatz.

§ 85.

Soweit die öffentliche Fürsorge ihre Hilfe davon abhängig machen darf, daß die Rückzahlung der für den Hilfsbedürftigen aufgewendeten Kosten sichergestellt wird (§ 9 der Reichsgrundsätze über Voraussetzung, Art und Maß der öffentlichen Fürsorge vom 4. Dezember 1924, Reichsgesetzbl. I S. 765), dürfen Ansprüche des Hilfsbedürftigen, die der Aufwertung nach diesem Gesetz unterliegen, nur nach Maßgabe von Vorschriften herangezogen werden, die die Reichsregierung mit Zustimmung des Reichsrats hierüber erläßt.

## V. Fremdenrecht.

§ 86.

(1) Soweit Reichsangehörige in einem fremden Staate hinsichtlich der Aufwertung ungünstiger behandelt werden als dessen eigne Angehörige, wird die Reichsregierung ermächtigt, eine entsprechende unterschiedliche Behandlung der Angehörigen dieses Staates anzuordnen.

(2) Sofern nach der Gesetzgebung eines fremden Staates dieser Staat oder seine Angehörigen nicht verpflichtet sind, Reichsangehörigen einen höheren Betrag zu zahlen, als den, der ihnen im Deutschen Reiche unter den gleichen Bedingungen auf Grund der deutschen Aufwertungsbestimmungen zufallen würde, wird die Reichsregierung ermächtigt, einem solchen Staate gegenüber eine entsprechende Regelung zu treffen.

(3) Die Reichsregierung wird ermächtigt, die Aufwertung der im § 1 bezeichneten Ansprüche zugunsten der Angehörigen solcher Staaten auszuschließen, nach deren Recht diese Ansprüche einer Aufwertung nicht unterliegen.

## VI. Internationale Vereinbarungen.

§ 87.

Rechte, Ansprüche und Befugnisse, die auf internationalen Vereinbarungen oder den zu ihrer Durchführung erlassenen Gesetzen beruhen, oder die zur Erfüllung von Verpflichtungen aus solchen Vereinbarungen begründet sind, bleiben unberührt.

## VII. Inkrafttreten und Durchführung des Gesetzes.

§ 88.

(1) Dieses Gesetz tritt mit Wirkung vom 15. Juli 1925 in Kraft.

(2) Die Reichsregierung wird ermächtigt, die zur Durchführung dieses Gesetzes, insbesondere auch zur Erleichterung des Grundbuchverkehrs, erforderlichen Rechtsverordnungen und allgemeinen Verwaltungsvorschriften zu erlassen; sie kann die Erteilung eines Hypotheken- oder Grundschuldbriefs für Rechte, deren Aufwertungsbeträge ein gewisses Maß nicht übersteigen, nachträglich ausschließen. Die Reichsregierung oder die von ihr bestimmte Stelle kann ferner besondere Vorschriften über den Ausgleich von Ansprüchen und Gegenansprüchen zwischen denselben Parteien und über die Zulässigkeit und Anrechnung von Sachleistungen sowie die Berücksichtigung eines mit Rücksicht auf eine vorzeitige Zahlung angemessenen Zwischenzinses erlassen.

Berlin, den 16. Juli 1925.

Der Reichspräsident
von Hindenburg.

Der Reichsminister der Justiz
Dr. Frenken.

| Zeit | Wert von ... Papiermark | Wert in G ℳ |
|---|---|---|
| **1918** | | |
| Januar—Juni | 10 | 8,00 |
| Juli | 10 | 7,14 |
| August | 10 | 6,90 |
| September—Oktober | 10 | 6,45 |
| November | 10 | 5,71 |
| Dezember | 10 | 5,00 |
| **1919** | | |
| Januar | 10 | 5,13 |
| Februar | 10 | 4,65 |
| März | 10 | 4,00 |
| April | 10 | 3,41 |
| Mai | 10 | 3,32 |
| Juni | 10 | 3,11 |
| Juli | 10 | 2,86 |
| August | 10 | 2,29 |
| September | 10 | 1,88 |
| Oktober | 10 | 1,66 |
| November | 10 | 1,26 |
| Dezember | 10 | 1,04 |
| **1920** | | |
| Januar 1.—10. | 100 | 9,67 |
| 11.—20. | 100 | 7,75 |
| 21.—31. | 100 | 5,76 |
| Februar 1.—10. | 100 | 4,90 |
| 11.—20. | 100 | 5,06 |
| 21.—29. | 100 | 4,86 |
| März 1.—10. | 100 | 4,87 |
| 11.—20. | 100 | 6,12 |
| 21.—31. | 100 | 5,79 |
| April 1.—10. | 100 | 7,00 |
| 11.—20. | 100 | 6,99 |
| 21.—30. | 100 | 7,10 |
| Mai 1.—10. | 100 | 7,86 |
| 11.—20. | 100 | 8,79 |
| 21.—31. | 100 | 11,01 |
| Juni 1.—10. | 100 | 10,32 |
| 11.—20. | 100 | 10,64 |
| 21.—30. | 100 | 11,19 |
| Juli 1.—10. | 100 | 11,10 |
| 11.—20. | 100 | 10,91 |
| 21.—31. | 100 | 10,05 |
| August 1.—10. | 100 | 9,23 |
| 11.—20. | 100 | 8,83 |
| 21.—31. | 100 | 8,40 |
| September 1.—10. | 100 | 8,24 |
| 11.—20. | 100 | 6,80 |
| 21.—30. | 100 | 6,80 |
| Oktober 1.—10. | 100 | 6,87 |
| 11.—20. | 100 | 6,39 |
| 21.—31. | 100 | 6,22 |
| November 1.—10. | 100 | 5,57 |
| 11.—20. | 100 | 5,83 |
| 21.—30. | 100 | 6,65 |
| Dezember 1.—10. | 100 | 6,38 |
| 11.—20. | 100 | 6,27 |
| 21.—31. | 100 | 6,20 |
| **1921** | | |
| Januar 1.—10. | 100 | 6,05 |
| 11.—20. | 100 | 6,62 |
| 21.—31. | 100 | 7,41 |
| Februar 1.—10. | 100 | 6,90 |
| 11.—20. | 100 | 7,26 |
| 21.—28. | 100 | 7,01 |
| März 1.—10. | 100 | 7,01 |
| 11.—20. | 100 | 7,09 |
| 21.—31. | 100 | 7,12 |
| April 1.—10. | 100 | 7,24 |
| 11.—20. | 100 | 7,15 |
| 21.—30. | 100 | 6,77 |
| Mai 1.—10. | 100 | 6,77 |
| 11.—20. | 100 | 7,42 |
| 21.—31. | 100 | 7,32 |
| Juni 1.—10. | 100 | 6,88 |
| 11.—20. | 100 | 6,61 |
| 21.—30. | 100 | 6,39 |
| Juli 1.—10. | 100 | 6,34 |
| 11.—20. | 100 | 6,25 |
| 21.—31. | 100 | 5,88 |
| August 1.—10. | 100 | 5,32 |
| 11.—20. | 100 | 4,96 |
| 21.—31. | 100 | 5,01 |
| September 1.—10. | 100 | 4,82 |
| 11.—20. | 100 | 4,31 |
| 21.—30. | 100 | 4,07 |
| Oktober 1.—10. | 100 | 3,88 |
| 11.—20. | 100 | 3,23 |
| 21.—31. | 100 | 2,98 |
| November 1.—10. | 100 | 2,24 |
| 11.—20. | 100 | 2,06 |
| 21.—30. | 100 | 1,92 |

| Zeit | | Wert von ... Papiermark | Wert in G M |
|---|---|---|---|
| Dezember | 1.—10. | 100 | 2,37 |
| | 11.—20. | 100 | 2,56 |
| | 21 —31. | 100 | 2,55 |
| **1922** | | | |
| Januar | 1.—10. | 100 | 2,52 |
| | 11.—20. | 100 | 2,50 |
| | 21.—31. | 100 | 2,28 |
| Februar | 1.—10. | 100 | 2,30 |
| | 11.—20. | 100 | 2,24 |
| | 21.—28. | 100 | 2,08 |
| März | 1.—10. | 100 | 1,86 |
| | 11.—20. | 100 | 1,70 |
| | 21.—31. | 100 | 1,43 |
| April | 1.—10. | 100 | 1,43 |
| | 11.—20. | 100 | 1,50 |
| | 21.—30. | 100 | 1,59 |
| Mai | 1.—10, | 100 | 1,50 |
| | 11 —20. | 100 | 1,49 |
| | 21.—31. | 100 | 1,51 |
| Juni | 1.—10. | 100 | 1,52 |
| | 11.—20. | 100 | 1,37 |
| | 21.—30. | 100 | 1,26 |
| Juli | 1.—10. | 1 000 | 9,50 |
| | 11.—20. | 1 000 | 9,70 |
| | 21.—31. | 1 000 | 8,46 |
| August | 1.—10. | 1 000 | 6,06 |
| | 11.—20. | 1 000 | 4,88 |
| | 21.—31. | 1 000 | 3,16 |
| September | 1.—10. | 1 000 | 3,33 |
| | 11.—20. | 1 000 | 3,09 |
| | 21.—30. | 1 000 | 3,05 |
| Oktober | 1.—10. | 1 000 | 2,13 |
| | 11.—20. | 1 000 | 1,65 |
| | 21.—31. | 1 000 | 1,11 |
| November | 1.—10. | 10 000 | 7,60 |
| | 11 —20. | 10 000 | 6,79 |
| | 21.—30. | 10 000 | 6,62 |
| Dezember | 1.—10. | 10 000 | 5,80 |
| | 11.—20. | 10 000 | 6,18 |
| | 21.—31. | 10 000 | 6,34 |
| **1923** | | | |
| Januar | 1.—10. | 10 000 | 4,94 |
| | 11.—20. | 10 000 | 3,22 |
| | 21.—31. | 10 000 | 1,87 |
| Februar | 1.—10. | 10 000 | 1,35 |
| | 11.—20. | 10 000 | 1,87 |
| | 21.—28. | 10 000 | 1,86 |
| März | 1.—10. | 10 000 | 1,95 |
| | 11.—20. | 10 000 | 2,06 |
| | 21.—31. | 10 000 | 2,04 |
| April | 1.—10. | 10 000 | 2,02 |
| | 11.—20. | 10 000 | 1,92 |
| | 21.—30. | 10 000 | 1,57 |
| Mai | 1.—10. | 10 000 | 1,29 |
| | 11.—20. | 10 000 | 1,09 |
| | 21.—31. | 100 000 | 8,40 |
| Juni | 1. . . . | 100 000 | 6,47 |
| | 2. . . . | 100 000 | 6,82 |
| | 4. . . . | 100 000 | 6,83 |
| | 5. . . . | 100 000 | 6,71 |
| | 6. . . . | 100 000 | 6,30 |
| | 7. . . . | 100 000 | 6,17 |
| | 8. . . . | 100 000 | 6,18 |
| | 9. . . . | 100 000 | 6,09 |
| | 11. . . . | 100 000 | 5,79 |
| | 12. . . . | 100 000 | 5,29 |
| | 13. . . . | 100 000 | 4,94 |
| | 14. . . . | 100 000 | 4,73 |
| | 15. . . . | 100 000 | 4,26 |
| | 16. . . . | 100 000 | 3,86 |
| | 18. . . . | 100 000 | 3,66 |
| | 19. . . . | 100 000 | 3,80 |
| | 20. . . . | 100 000 | 3,79 |
| | 21. . . . | 100 000 | 3,82 |
| | 22. . . . | 100 000 | 3,89 |
| | 23. . . . | 100 000 | 3,94 |
| | 25. . . . | 100 000 | 3,58 |
| | 26. . . . | 100 000 | 3,26 |
| | 27. . . . | 100 000 | 3,03 |
| | 28. . . . | 100 000 | 3,00 |
| | 29. . . . | 100 000 | 2,92 |
| | 30. . . . | 100 000 | 2,87 |
| Juli | 2. . . . | 100 000 | 2,73 |
| | 3. . . . | 100 000 | 2,68 |
| | 4. . . . | 100 000 | 2,54 |
| | 5. . . . | 100 000 | 2,43 |
| | 6. . . . | 100 000 | 2,37 |
| | 7. . . . | 100 000 | 2,32 |
| | 9. . . . | 100 000 | 2,28 |
| | 10. . . . | 100 000 | 2,25 |
| | 11. . . . | 100 000 | 2,25 |
| | 12. . . . | 100 000 | 2,21 |

| Zeit | | Wert von ... Papiermark | Wert in G ℳ |
|---|---|---|---|
| Juli | 13. | 100 000 | 2,10 |
| | 16. | 100 000 | 1,99 |
| | 17. | 100 000 | 1,75 |
| | 19. | 100 000 | 1,52 |
| | 20. | 100 000 | 1,33 |
| | 23. | 1 Million | 9,83 |
| | 24. | 1 " | 8,39 |
| | 26. | 1 " | 6,01 |
| | 27. | 1 " | 5,16 |
| | 30. | 1 " | 4,49 |
| | 31. | 1 " | 4,37 |
| August | 1. | 1 " | 3,98 |
| | 3. | 1 " | 2,63 |
| | 6. | 1 " | 1,68 |
| | 7. | 1 " | 1,32 |
| | 8. | 1 " | 1,18 |
| | 9. | 1 " | 1,20 |
| | 10. | 1 " | 1,33 |
| | 13. | 1 " | 1,42 |
| | 14. | 1 " | 1,50 |
| | 15. | 1 " | 1,47 |
| | 16. | 1 " | 1,25 |
| | 17. | 10 Millionen | 9,81 |
| | 20. | 10 " | 8,44 |
| | 21 | 10 " | 7,98 |
| | 22 | 10 " | 8,51 |
| | 23 | 10 " | 8,46 |
| | 24. | 10 " | 7,90 |
| | 27. | 10 " | 6,86 |
| | 28 | 10 " | 5,45 |
| | 29. | 10 " | 4,86 |
| | 30 | 10 " | 4,67 |
| | 31. | 10 " | 4,53 |
| September | 3. | 10 " | 3,62 |
| | 4. | 10 " | 2,42 |
| | 5. | 10 " | 1,51 |
| | 6. | 10 " | 1,17 |
| | 7. | 100 " | 9,43 |
| | 10. | 100 " | 7,52 |
| | 11. | 100 " | 6,29 |
| | 12. | 100 " | 5,52 |
| | 13. | 100 " | 4,70 |
| | 14. | 100 " | 3,84 |
| | 17. | 100 " | 2,97 |
| | 18. | 100 " | 2,59 |
| | 19. | 100 " | 2,73 |
| | 20. | 100 " | 2,87 |
| | 21. | 100 " | 3,33 |
| | 24. | 100 " | 3,20 |
| September | 25. | 100 Millionen | 3,23 |
| | 26. | 100 " | 2,94 |
| | 27. | 100 " | 2,31 |
| | 28. | 100 " | 1,78 |
| Oktober | 1. | 100 " | 1,35 |
| | 2. | 100 " | 1,07 |
| | 3. | 1 Milliarde | 9,21 |
| | 4. | 1 " | 7,71 |
| | 5. | 1 " | 6,10 |
| | 8 | 1 " | 3,38 |
| | 9. | 1 " | 1,93 |
| | 10 | 1 " | 1,41 |
| | 11. | 1 " | 1,27 |
| | 12. | 1 " | 1,31 |
| | 15. | 1 " | 1,12 |
| | 16. | 10 Milliarden | 8,06 |
| | 17. | 10 " | 5,44 |
| | 18. | 10 " | 2,26 |
| | 19. | 10 " | 1,23 |
| | 22. | 100 " | 8,18 |
| | 23. | 100 " | 7,02 |
| | 24. | 100 " | 6,65 |
| | 25. | 100 " | 6,65 |
| | 26. | 100 " | 6,72 |
| | 27. | 100 " | 6,79 |
| | 29. | 100 " | 6,60 |
| | 30. | 100 " | 5,05 |
| | 31. | 100 " | 2,57 |
| November | 1. | 100 " | 1,53 |
| | 2. | 100 " | 1,14 |
| | 3. | 100 " | 1,04 |
| | 5. | 1 Billion | 8,85 |
| | 6. | 1 " | 7,69 |
| | 7. | 1 " | 6,97 |
| | 8. | 1 " | 7,12 |
| | 9. | 1 " | 7,28 |
| | 10. | 1 " | 6,70 |
| | 12. | 1 " | 5,27 |
| | 13. | 1 " | 3,19 |
| | 14 | 1 " | 2,19 |
| | 15. | 1 " | 1,72 |
| | 16. | 1 " | 1,67 |
| | 17. | 1 " | 1,36 |
| | 19. | 1 " | 1,15 |
| | 20. | 1 " | 1,00 |
| | 21. | 1 " | 1,00 |
| | 22. und folgende Tage | 1 " | 1,00 |

# Anhang.

## a) Kurzer Überblick über die Ablösung der Reichs-, Staats- und Gemeindeanleihen.

Das Gesetz über die Ablösung öffenlicher Anleihen vom 16. Juli 1925, Reichsgesetzblatt Teil I Nr. 32 (Seite 137 flgde.) behandelt in seinem ersten Teile (§§ 1 bis 29) die Ablösung der Markanleihen des Reichs und in seinem zweiten Teile (§§ 30 bis 46) die Ablösung der Markanleihen der Länder, der Gemeinden und Gemeindeverbände (Stadtgemeinden, Kreise, Provinzen u. dergl.).

### I. Die Ablösung der Anleihen des Reichs.

1. Umtausch in Ablösungsschuld, Kündigung, Verzinsung. Die Markanleihen des Reichs werden in die Anleiheablösungsschuld des Deutschen Reichs umgetauscht. Ausgeschlossen von dem Umtausch sind die Schuldverschreibungen der Zwangsanleihe, die unverzinslichen Schatzanweisungen, soweit sie nicht für Kriegsschäden im Entschädigungsverfahren ausgegeben sind, die Reichskassenscheine und die Darlehnskassenscheine. Aus diesen Schuldurkunden können Ansprüche nicht hergeleitet werden.

Die Anleiheablösungsschuld lautet auf Reichsmark; über sie werden Schuldverschreibungen von 12,50 Reichsmark ab ausgestellt; bis zum Erlöschen der Reparationsverpflichtungen kann Verzinsung nicht gefordert werden.

2. Höhe der zu gewährenden Ablösungsschuld. Von den gewöhnlichen Markanleihen werden je 1 000 Mark Nennbetrag in 25 Reichsmark Nennbetrag der Ablösungsschuld umgetauscht.

25 Reichsmark fallen ferner auf:

je 1500 Mark Nennbetrag der Sparprämienanleihe;

je 16 700 000 Mark Nennbetrag der 8 bis 15prozentigen Schatzanweisungen K 1923;

je 50 Millionen Mark Nennbetrag der 8 bis 15prozentigen Schatzanweisungen K 1924;

je 1000 Mark Goldmark der im Entschädigungsverfahren für Kriegsschäden ausgegebenen unverzinslichen Schatzanweisungen. Der „Goldmarkbetrag“ dieser Schatzanweisungen wird nach der Anlage zum AufwG. für den Tag der Ausstellung bestimmt.

Ein Anspruch auf Umtausch besteht nur, soweit Ablösungsschuld im Nennbetrage von 12,50 Reichsmark oder einem Vielfachen davon zu gewähren ist, also bei gewöhnlichen Markanleihen nur für je volle 500 Mark, bei Prämienanleihen für je volle 750 Mark. Soweit sie nicht durch 500 bzw. 750 teilbar sind (also geringere oder überschießende Beträge), bleiben einstweilen als Markanleihen bestehen, wenn nicht trotz Nichtbestehens eines „Anspruchs“ auf Umtausch dieser doch erfolgt.

Der Anspruch auf Umtausch ist durch Anmeldung innerhalb einer Ausschlußfrist geltend zu machen. Bis jetzt ist die Frist nur bestimmt für die Anmeldung der Markanleihen, wenn gleichzeitig mit der Anmeldung die Gewährung von Auslosungsrechten (vgl. unten II) beantragt wird. Sie währt, sofern die Anmeldung im Reichsgebiete, mit Ausnahme des Saargebiets, erfolgt, vom 5. Oktober 1925 bis zum 28. Februar 1926 (VO. v. 8. September 1925, RGBl. I 345). Die Anmeldung muß durch Vermittelung einer Bank, einer zugelassenen Sparkasse oder ähnlicher Anstalten erfolgen, und zwar nach vorgeschriebenen Mustern, die dort vorrätig sind.

Die Anmeldefristen gelten auch für diejenigen Anleihen der Länder und früherer Eisenbahngesellschaften, die das Reich im Zusammenhange mit dem Uebergange der Eisenbahnen übernommen hat oder die der Reichsminister der Finanzen zu Markanleihen des Reichs erklärt hat. Verzeichnisse darüber sind im Reichsgesetzblatt 1925 Teil I Nr. 44 (S. 332 ff. und S. 342 ff.) veröffentlicht. Sind die Schuldverschreibungen auf den Namen gestellt, so hat die Anmeldung unter Beifügung der Schuldurkunden bei derjenigen Landesbehörde zu erfolgen, die die umzutauschenden Markanleihen gemäß § 4 des Gesetzes über den Uebergang der Staatseisenbahnen vom 20. Juli 1922 (RGBl. II. S. 693) verwaltet.

## II. Altbesitzer, Auslosungsrecht, Vorzugsrente.

1. Altbesitzer. Wer Anleiheablösungsschuld im Umtausch gegen Altbesitzanleihe erhält (Anleihealtbesitzer), hat

a) das Recht, an der Tilgung der Anleiheablösungsschuld teilzunehmen (Auslosungsrecht),

b) das Recht auf eine Vorzugsrente (diese erhalten nur Bedürftige).

Altbesitzanleihen sind Markanleihen, die der Gläubiger nachweislich vor dem 1. Juli 1920 erworben hat und die ihm von dem Erwerbe bis zur Anmeldung ununterbrochen gehört haben.

Markanleihen gelten als vor dem 1. Juli 1920 erworben, wenn der Gläubiger sie auf dem im § 3 Ziff. 2 bis 8 (Erbschaft, Schenkung usw.) erworben hat, der Erblasser oder sonstige Rechtsvorgänger sie aber vor dem 1. Juli 1920 erworben hat und sie diesen bis zum Rechtsübergang ununterbrochen gehört haben. Dem ist eine Reihe anderer Erwerbsarten gleichgestellt.

Wer nach dem 1. Juli 1920, aber vor dem 1. Juli 1923 auf Grund gesetzlichen Zwanges zur mündelsicheren Anleihe Markanleihen erworben hat, gilt als Altbesitzer in Höhe des doppelten Goldmarkbetrages seines Erwerbspreises, soweit dieser durch 500 teilbar ist. Dem gesetzlichen Zwange steht bei ausschließlich gemeinnützigen, mildtätigen, ethischen oder religiösen Zwecken dienenden Anstalten, Stiftungen, Körperschaften oder sonstigen Personenvereinigungen oder Vermögensmassen der Zwang durch die Satzung oder die sonstige Verfassung gleich.

2. Das Auslosungsrecht. Das Auslosungsrecht wird den Altbesitzern in Höhe eines bestimmten Nennbetrages gewährt. Der Nennbetrag ist der Betrag der Anleiheablösungsschuld, den der Altbesitzer im Umtausch gegen seine Altbesitzanleihen erhält. Wie oben (unter I 2) erwähnt, besteht ein Anspruch auf Umtausch von Markanleihen in Anleiheablösungsschuld nur, soweit die Markanleihen durch 500 teilbar, die Sparprämienanleihen durch 750 teilbar sind; sollten aber trotzdem auch kleinere oder überschießende Beträge in Anleiheablösungsschuld umgetauscht werden, so werden für diese doch keine Auslosungsrechte gewährt. Die Auslosungsrechte lauten deshalb immer auf 12,50 Reichsmark oder ein Vielfaches davon. Erhält eine natürliche Person (ein Mensch — im Gegensatz zu der sog. juristischen Person, wie Aktiengesellschaften u. dergl. —) für ihre Altbesitzanleihen mehr als 12 500 Reichsmark Nennbetrag der Anleiheablösungsschuld, so vermindern sich für den Mehrbetrag die zu gewährenden Auslosungsrechte nach bestimmten Sätzen.

Die Anleiheablösungsschuld wird bis zur Höhe des Gesamtbetrags der Auslosungsrechte innerhalb 30 Jahren getilgt, und zwar durch Ziehung der Auslosungsrechte und deren Einlösung. Ein gezogenes Auslosungsrecht wird durch Barzahlung des fünffachen Betrags seines Nennwertes eingelöst, zuzüglich 4½ v. H. Zinsen dieses Einlösungsbetrags vom 1. Januar 1926 ab. Für 25 RM. Auslosungsrecht (= 1000 Mk. Markanleihe) erhält man also nach der Auslosung 125 RM, (12½ v. H. von 1000 Mk.) zuzüglich der Zinsen.

Ueber die Auslosungsrechte werden Auslosungsscheine auf den Inhaber ausgestellt. Die Auslosungsrechte sind selbständig veräußerlich. Wer Auslosungsrechte hat, hat also zweierlei veräußerliche (und vererbliche) Wertpapiere: die Anleiheablösungsschuldverschreibungen und die durch die Auslosungsscheine verbrieften Auslosungsrechte. Er kann sie beide selbständig veräußern (sie werden an der Börse gehandelt). Veräußert er die Auslosungsrechte, so nimmt er selbstverständlich an der Tilgung (Auslosung) nicht mehr teil; er wird dann seine Anleiheablöungsschuld entweder auch einmal veräußern oder er muß abwarten, wie sie nach dem Erlöschen der Reparationsleistungen verzinst und getilgt werden wird. Veräußert er die Anleiheablösungsschuld, behält er aber das Auslosungsrecht, so muß er sich, wenn diese gezogen werden, andere Anleiheablösungsschuldverschreibungen anschaffen, da er solche bei der Einlösung der gezogenen Auslosungsrechte in Höhe deren Nennbetrags an das Reich abliefern muß.

Die Veräußerung der Auslosungsrechte wird man sich überlegen müssen; wenn man nicht sicher ist, daß die Nachkommen (minderjährige Kinder) sie nicht einmal nötig haben, um als Bedürftige eine Vorzugsrente zu erlangen, behält man sie besser.

Was im vorstehenden von Schuldverschreibungen über Markanleihen gesagt ist, gilt auch von Buchschulden des Reichs. Die zu gewähende Anleiheablösungsschuld wird für den Gläubiger in das Reichsschuldbuch eingetragen, ebenso das Auslosungsrecht. Ueber das Auslosungsrecht und den entsprechenden Nennbetrag der Anleiheablösungsschuld kann dann aber nur einheitlich verfügt werden.

Der Antrag auf Gewährung von Auslosungsrechten muß, sofern er im Reichsgebiete, mit Ausnahme des Saargebiets, gestellt wird, innerhalb der Frist vom 5. Oktober bis zum 28. Februar 1926 gestellt werden (VO. v. 8. September 1925, RGBl. I 345), und zwar bei der Vermittelungsstelle, durch deren Vermittelung der Antragsteller die Markanleihen zum Umtausch anmeldet, vgl. oben Nr. I am Ende. Auch für diese Anmeldungen sind Muster vorgeschrieben, die bei den Vermittelungsstellen vorrätig sind. Diese Stellen geben die Anträge an die Anleihealtbesitzstelle (bei den Finanzämtern) weiter. Der Antrag gilt erst mit dem Eingang bei dieser Stelle als gestellt. Gegen die ablehnende Entscheidung des Reichskommissars ist binnen zwei Wochen nach der Zustellung Beschwerde zulässig; sie ist bei der Stelle einzureichen, die die angefochtene Entscheidung erlassen hat.

Anleihealtbesitzern von Schuldbuchforderungen werden, soweit sich der Altbesitz aus dem Schuldbuch oder Schuldbuchakten ergibt, die Auslosungsrechte von Amts wegen gewährt; soweit die Voraussetzung nicht zutrifft, ist der Antrag an die Schuldenverwaltung zu richten, bei der die Schuldbuchforderung verwaltet wird.

Der Antrag auf Gewährung von Auslosungsrechten auf Grund von Namensschuldurkunden über Markanleihen, die bei dem Uebergange der Staatseisenbahnen auf das Reich übernommen worden sind, ist an die Landesbehörde zu richten, die die umzutauschenden Markanleihen verwaltet.

3. **Die Vorzugsrente.** Einem bedürftigen, im Inland wohnenden deutschen Reichsangehörigen ist auf Antrag eine Vorzugsrente zu gewähren, wenn ihm ein Auslosungsrecht zusteht, das er entweder selbst als Anleihealtbesitzer oder als Rechtsnachfolger eines Anleihealtbesitzers, dem es gewährt war, erlangt hat; jedoch nur, wenn er es von einem verstorbenen Ehegatten oder einem verstorbenen Verwandten ersten Grades erlangt hat (das Kind von dem verstorbenen Vater oder der verstorbenen Mutter, der Vater oder die Mutter von dem verstorbenen Kinde). Hat er es von seinem Vater oder seiner Mutter erlangt, so ist die Vorzugsrente nur zu gewähren, solange er nicht volljährig ist, es sei denn, daß er wegen geistiger oder körperlicher Gebrechen dauernd erwerbsunfähig ist. Der Reichsminister der Finanzen kann in besonderen Fällen eine Vorzugsrente auch dann gewähren, wenn diese Voraussetzungen nicht zutreffen.

„Bedürftig" ist eine Person, deren Jahreseinkommen den Betrag von 800 Reichsmark nicht übersteigt. Die Vorzugsrente beträgt 80 v. H. des Nennbetrags der Auslosungsrechte. Hatte der Bedürftige 5000 Mark Reichsanleihe alten Besitzes, so daß er 125 Reichsmark Anleiheablösungsschuld und 125 Reichsmark Auslosungsrechte erlangt hat, so erhält er jährlich 100 Reichsmark Vorzugsrente. Ueber 800 Reichsmark Vorzugsrente wird einer Person nicht gewährt.

Die Vorzugsrente erhöht sich um 25 v. H. (¼), höchstens jedoch auf 1000 Reichsmark, wenn der Gläubiger auf das Auslosungsrecht verzichtet und in dessen Höhe Anleiheablösungsschuld auf das Reich überträgt; hat er das 60. Lebensjahr zur Zeit seines Verzichts überschritten, so erhöht sich die Rente um 50 v. H. (statt 25 v. H.), höchstens jedoch auf 1 200 Reichsmark. Während des Bezugs der Rente nimmt das Auslosungsrecht an der Ziehung nicht teil; der Auslosungsschein muß hinterlegt werden.

Wer ein Auslosungsrecht hat, auf Grund dessen ihm im Falle der Bedürftigkeit eine Vorzugsrente zu gewähren ist, muß, wenn er sich dieses Recht für den Fall demnächstiger Dürftigkeit wahren will, auf die Teilnahme an der Auslosung verzichten (Erklärung gegenüber der Reichsschuldenverwaltung).

Der Antrag auf Gewährung einer Vorzugsrente ist bei der Bezirksfürsorgestelle zu stellen, in deren Bezirk der Anleihegläubiger wohnt oder sich nicht nur vorübergehend aufhält. Bezirksfürsorgestellen bestehen in Preußen in Stadtgemeinden beim Magistrat (städtische Verwaltung), für Landgemeinden in der Regel bei der Kreisverwaltung (Landratsamt). Dort wird auch Auskunft über den notwendigen Inhalt des Antrags und über die beizulegenden Nachweise erteilt werden; auch die vorgeschriebenen Vordrucke sind dort vorrätig. Der Antrag kann schon gestellt werden, ehe dem Antragsteller Auslosungsrechte gewährt sind; er muß dann aber angeben, bei welcher Anmeldestelle er die Markanleihen zum Umtausch angemeldet und bei welcher Anleihealtbesitzerstelle die Gewährung von Auslosungsrechten für ihn beantragt ist.

Ist der Antrag gestellt, so entscheidet der bei der Fürsorgestelle bestellte „Ausschuß für Vorzugsrenten" darüber, ob der Antragsteller nach den §§ 18, 19 des Ablösungsgesetzes als „bedürftiger, im Inland wohnender Reichsangehöriger" zu gelten hat. Verneint er die Frage, so steht dem Antragsteller innerhalb von zwei Wochen die Beschwerde an den Oberausschuß zu; sie ist bei der Fürsorgestelle einzureichen. Ueber den Antrag auf Gewährung der Vorzugsrente entscheidet dann, wenn die Bedürftigkeit anerkannt ist, die Reichsschuldenverwaltung. Sie ist hierbei an die Entscheidungen der Ausschüsse und Oberausschüsse für Vorzugsrenten und der Behörden des Verfahrens für die Gewährung von Auslosungsrechten gebunden.

Das Verfahren kann sich namentlich in den ersten Monaten, in denen eine Menge von Anträgen eingehen wird, verzögern. Der Reichsminister der Finanzen hat aber bestimmt, daß die Behörden, denen die Zahlung der Vorzugsrenten obliegt, zuerkannte Vorzugsrenten, deren Gewährung vor dem 1. April 1926 beantragt wird, so zu behandeln haben, als wenn sie bereits in dem auf die Antragstellung folgenden Monat zuerkannt worden wären (VO. v. 8. September 1925, RGBl. I S. 346, § 7). Der Rentenberechtigte erhält dann Nachzahlung für die Zwischenzeit.

**4.** Eine **Wohlfahrtsrente** kann bestimmten Anstalten und Einrichtungen gewährt werden, denen Auslosungsrechte zustehen, die sie als Anleihealtbesitzer erlangt haben.

**5.** Ein **Anleihesonderfonds** ist bestimmt für die — vorzugsweise — Einlösung der Auslosungsrechte, die die öffentlichen oder unter Staatsaufsicht stehenden Sparkassen, die Träger der Reichsversicherung, die Ersatzkassen usw. als Anleihealtbesitzer erlangt haben, sodann zur außerordentlichen Tilgung sonstiger Anleiheablösungsschuld durch Ziehung von Auslosungsrechten. Auch ist der Reichsfinanzminister ermächtigt, einmalig einen Betrag von 150 Millionen Reichsmark zu verausgaben, um Bedürftigen, die Altbesitzanleihen im Gesomtbetrage von weniger als 1000 Reichsmark haben, auf Antrag eine Barabfindung von 15 Reichsmark für je 100 Mark des Nennbetrags und anderen Besitzern von Altbesitzanleihen von weniger als 1000 Mark, die ein Jahreseinkommen von nicht mehr als 1500 Reichsmark haben, auf Antrag eine Barabfindung von 8 Reichsmark für je 100 Mark des Nennbetrags zu gewähren; der Restbetrag ist für die Einlösung der Auslosungsrechte der Sparkassen usw. zu verwenden.

### III. Die Ablösung der Markanleihen der Länder.

Sie ist ähnlich geregelt wie die der Markanleihen des Reichs. Die Markanleihen werden gegen Ablösungsanleihen in Höhe von 2½ v. H. des Goldmarkwertes umgetauscht, den die Markanleihen zur Zeit ihrer Begründung hatten. Auch sie können von den Gläubigern nicht gekündigt werden. Die auf Markanleihen alten Besitzes umgetauschten Ablösungsanleihen werden innerhalb 30 Jahren ausgelost und nach der Ziehung durch Barzahlung des fünffachen Betrages zuzüglich 4½ v. H. Zinsen vom 1. Januar 1926 an getilgt. Bedürftige erhalten Vorzugsrente; ein Gläubiger hat jedoch einen Anspruch auf mehrere Vorzugsrenten des Reichs und der Länder nur, soweit ihr Gesamtbetrag 800 bzw. 1000 bzw. 1200 Reichsmark jährlich nicht übersteigt.

### IV. Markanleihen der Gemeinden und Gemeindeverbände.

Die Ablösung ist ähnlich geregelt. Auch hier ist der Teil der Ablösungsanleihen, der im Umtausch gegen Markanleihen alten Besitzes ausgegeben wird, mittels Auslosung zum fünffachen Betrage zu tilgen. Vorzugsrente für Bedürftige wird nicht gewährt.

## b) Gesetz über die Ablösung öffentlicher Anleihen.

**Vom 16. Juli 1925** (Reichsgesetzblatt Teil I S. 137 flgd.).

Der Reichstag hat das folgende Gesetz beschlossen, das mit Zustimmung des Reichsrats hiermit verkündet wird:

## Erster Teil

# Die Ablösung der Markanleihen des Reichs

### Erster Abschnitt

### Die Anleiheablösungsschuld des Deutschen Reichs

§ 1.

(1) Die Markanleihen des Reichs werden, soweit dieses Gesetz nicht ein anderes bestimmt, in die Anleiheablösungsschuld des Deutschen Reichs umgetauscht.

(2) Ansprüche aus Markanleihen des Reichs bestehen nur nach Maßgabe dieses Gesetzes.

§ 2.

Markanleihen des Reichs im Sinne dieses Gesetzes sind:

1. die auf Mark lautenden Schuldverschreibungen, Buchschulden und Schatzanweisungen des Deutschen Reichs;
2. solche Schulden der Länder, die das Reich im Zusammenhange mit dem Uebergange der Staatseisenbahnen übernommen hat (Gesetz vom 29. Juli 1922 — Reichsgesetzbl. II S. 693 —);
3. die Schulden, die der Reichsminister der Finanzen mit Zustimmung des Reichsrats zu Markanleihen des Reichs erklärt.

§ 3.

Ausgeschlossen von dem Umtausch sind
1. die Schuldverschreibungen der Zwangsanleihe (Gesetz vom 20. Juli 1922 — Reichsgesetzbl. I S. 601 —);
2. die unverzinslichen Schatzanweisungen des Deutschen Reichs, soweit sie nicht für Kriegsschäden im Entschädigungsverfahren ausgegeben sind;
3. die Reichskassenscheine (Gesetze vom 30. April 1874 — Reichsgesetzbl. S. 40 —, vom 3. Juli 1913 — Reichsgesetzbl. S. 521 — und vom 22. März 1915 — Reichsgesetzbl. S. 179 —);
4. die Darlehnskassenscheine (Gesetz vom 4. August 1914 — Reichsgesetzbl. S. 340 und Verordnung des Oberbefehlshabers Ost vom 16. Januar 1918 — Befehls- und Verordnungsblatt des Oberbefehlshabers Ost S. 721 —).

Aus diesen Schuldurkunden können Ansprüche nicht hergeleitet werden.

§ 4.

(1) Die Anleiheablösungsschuld lautet auf Reichsmark. Sie kann von den Gläubigern nicht gekündigt werden.

(2) Eine Verzinsung der Anleiheablösungsschuld kann bis zum Erlöschen der Reparationsverpflichtungen nicht gefordert werden. Das Erlöschen der Reparationsverpflichtungen wird durch Gesetz festgestellt.

(3) Auf die Anleiheablösungsschuld finden die Vorschriften der Reichsschuldenordnung über Schuldverschreibungen Anwendung. Die Schuldverschreibungen der Anleiheablösungsschuld können in Buchschulden des Reichs umgewandelt werden

§ 5.

(1) Je 1500 Mark Nennbetrag der Sparprämienanleihe,
je 16 700 000 Mark Nennbetrag der 8- bis 15prozentigen Schatzanweisungen K 1923,
je 50 Milliarden Mark Nennbetrag der 8- bis 15prozentigen Schatzanweisungen K 1924,
je 1000 Goldmark der im Entschädigungsverfahren für Kriegsschäden ausgegebenen unverzinslichen Schatzanweisungen,
je 1000 Mark Nennbetrag der übrigen Markanleihen des Reichs
werden in 25 Reichsmark Nennbetrag der Anleiheablösungsschuld umgetauscht.

(2) Ein Anspruch auf den Umtausch besteht nur, soweit Anleiheablösungsschuld im Nennbetrage von 12,50 Reichsmark oder einem Vielfachen davon zu gewähren ist.

(3) Der Goldmarkbetrag der im Entschädigungsverfahren für Kriegsschäden ausgegebenen unverzinslichen Schatzanweisungen wird dadurch festgestellt, daß ihr Nennbetrag nach Maßgabe des Wertverhältnisses umgerechnet wird, das in der Anlage zu dem Aufwertungsgesetz vom 16. Juli 1925 (Reichsgesetzbl. I S. 117) für den Tag der Ausstellung bestimmt ist.

(4) Soweit Markanleihen auf eine frühere Landeswährung lauten, ist ihr Nennbetrag der Markbetrag, der ihrem Nennwert nach § 15 des Münzgesetzes vom 1. Juni 1909 (Reichsgesetzbl. S. 507) entspricht.

(5) Für Schuldbuchforderungen der Markanleihen kann, soweit ihr Betrag durch 500 nicht teilbar ist, die Ausreichung von Schuldverschreibungen solcher Anleihen verlangt werden. Statt der Schuldverschreibungen können Ersatzurkunden ausgestellt werden.

§ 6.

Der Anspruch auf den Umtausch der Markanleihen ist durch Anmeldung innerhalb einer Ausschlußfrist geltend zu machen. Der Anmeldung sind die ausgestellten Schuldurkunden der umzutauschenden Anleihen beizufügen. Der Reichsminister der Finanzen bestimmt die Ausschlußfrist und die Anmeldungsstellen.

§ 7.

Insoweit dingliche Rechte Dritter oder Verfügungsbeschränkungen in bezug auf einzelne Schuldurkunden oder Schuldbuchforderungen der Markanleihen bestehen, treten die für sie ausgegebenen Schuldverschreibungen oder die für sie eingetragenen Schuldbuchforderungen der Anleiheablösungsschuld an ihre Stelle.

## Zweiter Abschnitt

## Die Rechte der Anleihealtbesitzer

### 1. Titel: Allgemeine Vorschriften

§ 8.

Wer Anleiheablösungsschuld im Umtausch gegen Altbesitzanleihen (§§ 9 bis 11) erhält (Anleihealtbesitzer), hat nach näherer Bestimmung dieses Gesetzes

1. das Recht, an der Tilgung der Anleiheablösungsschuld teilzunehmen (Auslosungsrecht) (§§ 12 bis 17),
2. das Recht auf die Vorzugsrente (§§ 18 bis 26).

§ 9.

Altbesitzanleihen sind Markanleihen des Reichs, die der Gläubiger nachweislich vor dem 1. Juli 1920 erworben hat und die ihm von dem Erwerbe bis zur Anmeldung ununterbrochen gehört haben.

§ 10.

(1) Markanleihen gelten als vor dem 1. Juli 1920 erworben,

1. wenn sie der Gläubiger nach dem 30. Juni 1920 von einer Bank, einem Bankier, einer Sparkasse oder einer Versicherungsgesellschaft in Erfüllung eines vor dem 1. Juli 1920 begründeten Anspruchs erworben hat,
2. wenn sie dem Gläubiger eine Bank nach dem 30. Juni 1920 in Erfüllung eines darlehnsartigen Verwahrungsvertrags übereignet hat, sofern der Gläubiger der Bank früher auf Grund des gleichen Vertrags das Eigentum an Markanleihen übertragen hat, die er vor dem 1. Juli 1920 erworben hatte, und er gegen sie einen Anspruch auf Markanleihen gleicher Art und gleichen Betrags von dieser Uebertragung bis zum Erwerbe der umzutauschenden Anleihen ununterbrochen gehabt hat; der Bank steht ein Bankier oder ein Sparkasse gleich,
3. wenn sie nach dem 30. Juni 1920 in das Schuldbuch eingetragen sind, ihre Eintragung aber der Gläubiger vor dem 1. Juli 1920 beantragt hat,
4. wenn sie der Gläubiger bei einer Umwandlung von Schuldverschreibungen in Schuldbuchforderungen oder von Schuldbuchforderungen in Schuldverschreibungen nach dem 30. Juni 1920 erworben hat, sofern ihm die umgewandelten Schuldverschreibungen oder Schuldbuchforderungen vom 1. Juli 1920 an bis zur Umwandlung ununterbrochen gehört haben,
5. wenn sie der Gläubiger von Todes wegen, durch Gütergemeinschaft, bei Auseinandersetzung einer Erbengemeinschaft oder eine Gütergemeinschaft, als Ausstattung, mit Rücksicht auf ein künftiges gesetzliches Erbrecht, als Geschäftsherr von einem Treuhänder oder durch Uebertragung eines Vermögens als Ganzes nach dem 30. Juni 1920, der Erblasser oder der sonstige Rechtsvorgänger aber vor dem 1. Juli 1920 erworben hat und sie diesem bis zum Rechtsübergang ununterbrochen gehört haben,
6. wenn sie der Gläubiger im Tausche gegen Markanleihen, die er vor dem 1. Juli 1920 erworben hat, nach dem 30. Juni 1920 von einer Behörde oder von der Reichsanleihe Aktiengesellschaft erlangt hat,
7. wenn sie dem Gläubiger zur Erstattung von Steuern, die er mit Markanleihen entrichtet hatte, nach dem 1. Juli 1920 übereignet worden sind.

(2) Der Reichsminister der Finanzen wird ermächtigt, andere Arten des Erwerbes von Markanleihen nach dem 30. Juni 1920 einem vor dem 1. Juli 1920 vollzogenen Erwerbe gleichzusetzen.

§ 11.

(1) Markanleihen, die nicht gemäß den Vorschriften der §§ 9 und 10 Altbesitzanleihen sind, gelten, wenn sie der Gläubiger vor dem 1. Juli 1923 auf Grund gesetzlichen Zwanges zur mündelsicheren Anlage erworben hat und sie ihm von diesem Erwerbe bis zur Anmeldung ununterbrochen gehört haben, als Altbesitzanleihen in Höhe des doppelten Goldmarkbetrags ihres Erwerbspreises, soweit dieser Betrag durch 500 teilbar ist. Die Vorschriften des § 10 finden entsprechende Anwendung. Der Goldmarkbetrag wird dadurch festgestellt, daß der Erwerbspreis nach Maßgabe des Wertverhältnisses umgerechnet wird, das in der Anlage zu dem Aufwertungsgesetze vom 16. Juli 1925 für den Tag des Erwerbes bestimmt ist; ist ein Umrechnungsverhältnis für diesen Tag nicht bestimmt, so ist das letzte vorhergehende Umrechnungsverhältnis maßgebend.

(2) Bei einer ausschließlich gemeinnützigen, mildtätigen, ethischen oder religiösen Zwecken dienenden inländischen Anstalt, Stiftung, Körperschaft oder sonstigen Personenvereinigung oder Vermögensmasse steht dem gesetzlichen Zwange der Zwang durch die Vorschriften der Satzung oder der sonstigen Verfassung gleich.

2. Titel: Das Auslosungsrecht

§ 12.

(1) Das Auslosungsrecht (§ 8) ist dem Anleihealtbesitzer auf Antrag in Höhe eines bestimmten Nennbetrags zu gewähren. Der Nennbetrag ist der Betrag der Anleiheablösungsschuld, den der Anleihealtbesitzer im Umtausch gegen seine Altbesitzanleihen erhält, soweit ihr Nennbetrag durch 500, bei der Sparprämienanleihe durch 750 teilbar ist. Erhält jedoch eine natürliche Person für ihre Altbesitzanleihen mehr als 12 500 Reichsmark Nennbetrag der Anleiheablösungsschuld, so sind ihr für die ersten 25 000 Reichsmark des Mehrbetrags auf je 2000 Reichsmark, für die nächsten 25 000 Reichsmark auf je 3000 Reichsmark, für die weiteren Beträge auf je 4000 Reichsmark der Anleiheablösungsschuld Auslosungsrechte im Nennbetrage von nur 1000 Reichsmark zu gewähren. Hat sie nachweislich zum Zwecke der Zeichnung von Schuldverschreibungen, Schatzanweisungen oder Schuldbuchforderungen der Kriegsanleihen des Reichs eine Verbindlichkeit begründet, die der Aufwertung unterliegt, so gilt als Mehrbetrag höchstens die Summe, um die der Gesamtbetrag ihrer Anleiheablösungsschuld den Aufwertungsbetrag der Verbindlichkeit übersteigt.

(2) In den Fällen des § 11 ist der Nennbetrag des Auslosungsrechts $2\frac{1}{2}$ vom Hundert des Betrags, zu dem die Markanleihen als Altbesitzanleihen gelten. Abs. 1, Satz 3 und 4 finden entsprechende Anwendung.

(3) Der Antrag auf Gewährung eines Auslosungsrechts kann nur innerhalb der Frist gestellt werden, die der Reichsminister der Finanzen bestimmt.

§ 13.

(1) Die Anleiheablösungsschuld wird bis zur Höhe des Gesamtbetrags der Auslosungsrechte getilgt. Die Tilgung wird in 30 Jahren durchgeführt, sie beginnt im Jahre 1926.

(2) Die Tilgung wird durch Ziehung von Auslosungsrechten und durch deren Einlösung vollzogen. Wer ein Auslosungsrecht einlöst, hat in Höhe seines Nennbetrags Anleiheablösungsschuld abzuliefern.

§ 14.

(1) Ein gezogenes Auslosungsrecht wird durch Barzahlung des fünffachen Nennbetrags eingelöst. Der Einlösungsbetrag ist mit jährlich $4\frac{1}{2}$ vom Hundert vom 1. Januar 1926 an bis zum Ende des Jahres, in dem das Auslosungsrecht gezogen wird, zu verzinsen; die Zinsen sind bei der Einlösung zu zahlen.

(2) Die Einlösung kann am Ende des Jahres verlangt werden, in dem das Auslosungsrecht gezogen wird.

§ 15.

Für die Einlösung der Auslosungsrechte ist jährlich ein gleicher Betrag in dem Reichshaushaltsplan einzusetzen. Die Beträge sind einem Tilgungsfonds zuzuführen. Soweit der Inhalt des Tilgungsfonds nach dem Tilgungsplan erst in späteren Rechnungsjahren zu verausgaben ist, ist er verzinslich anzulegen. Die dem Tilgungsfonds zuzuführenden Beträge sind so zu bemessen, daß sie unter Hinzurechnung der Zinseinnahmen, die bei einem Zinssatz von 6 vom Hundert zu erzielen sind, den gesamten Tilgungsaufwand erreichen.

§ 16.

(1) Die Auslosungsrechte sind selbständig veräußerlich.

(2) Dingliche Rechte Dritter oder Verfügungsbeschränkungen, die gemäß § 7 in bezug auf die Schuldverschreibungen oder Schuldbuchforderungen der Anleiheablösungsschuld entstehen, erstrecken sich auch auf die Auslosungsrechte, die auf Grund dieser Schuldverschreibungen oder Schuldbuchforderungen gewährt werden.

§ 17.

(1) Ueber die Auslosungsrechte werden auf den Inhaber lautende Auslosungsscheine ausgestellt. Auf die Auslosungsscheine finden die Vorschriften über Schuldverschreibungen auf den Inhaber sowie die Vorschriften der Reichsschuldenordnung über Schuldverschreibungen Anwendung.

(2) Der Gläubiger kann unter Verzicht auf einen Auslosungsschein oder gegen Ablieferung eines zum Umlauf brauchbaren Auslosungsscheins die Eintragung seines Auslosungsrechts in das Reichsschuldbuch verlangen, sofern ein dem Betrage des Auslosungsrechts entsprechender Nennbetrag der Anleiheablösungsschuld für ihn im Reichsschuldbuch eingetragen ist. Ueber ein eingetragenes Auslosungsrecht und über den entsprechenden Nennbetrag der Anleiheablösungsschuld kann nur einheitlich verfügt werden.

## 3. Titel: Die Vorzugsrente. Die Wohlfahrtsrente

§ 18.

(1) Einem bedürftigen (§ 19), im Inland wohnenden deutschen Reichsangehörigen ist auf Antrag eine Vorzugsrente zu gewähren, wenn ihm ein Auslosungsrecht zusteht, das er

a) als Anleihealtbesitzer oder
b) als Rechtsnachfolger seines verstorbenen Ehegatten oder eines verstorbenen Verwandten ersten Grades, dem das Auslosungsrecht als Anleihealtbesitzer gewährt worden ist,

erlangt hat. Hat er das Auslosungsrecht von seinem Vater oder von seiner Mutter erlangt, so ist ihm die Vorzugsrente nur zu gewähren, solange er nicht volljährig ist, es sei denn, daß er wegen geistiger oder körperlicher Gebrechen dauernd erwerbsunfähig ist.

(2) Der Reichsminister der Finanzen wird ermächtigt, in besonders begründeten Fällen eine Vorzugsrente auch dann zu gewähren, wenn einzelne Voraussetzungen des Abs. 1 nicht gegeben sind.

(3) Die Vorzugsrente läuft von dem Beginne des Kalendermonats an, in dem sie zuerkannt wird.

§ 19.

(1) Bedürftig ist eine Person, deren Jahreseinkommen den Betrag von 800 Reichsmark nicht übersteigt. Maßgebend ist das Einkommen des Kalenderjahrs, das der Stellung des Antrags auf Gewährung der Vorzugsrente vorhergeht.

(2) Bei der Berechnung des Einkommens bleiben außer Ansatz:

1. Leistungen, die ein anderer auf Grund gesetzlicher Unterhaltspflicht oder ohne rechtliche Verpflichtung gewährt, sofern er nicht als Ehegatte, als geschiedener

Ehegatte oder als Verwandter aufsteigender Linie unterhaltspflichtig ist, und die Leistungen ohne Gefährdung seines eigenen standesgemäßen Unterhalts gewähren kann;
2. Versorgungsbezüge von Kriegsbeschädigten und Kriegshinterbliebenen;
3. Renten der Reichsversicherung;
4. Vorzugsrenten, die auf Grund dieses Gesetzes gewährt werden.

(3) Bedürftigkeit liegt nicht vor, wenn Tatsachen die Annahme rechtfertigen, daß eine Hilfe nicht benötigt wird.

§ 20.

(1) Die Vorzugsrente beträgt 80 vom Hundert des Nennbetrags des Auslosungsrechts, auf Grund dessen sie gewährt wird, für eine Person jedoch höchstens jährlich 800 Reichsmark.

(2) Der Betrag einer Vorzugsrente erhöht sich um 25 vom Hundert bis höchstens auf 1000 Reichsmark, wenn der Gläubiger auf das Auslosungsrecht, auf Grund dessen seine Vorzugsrente gewährt wird, verzichtet und in Höhe des Nennbetrags seines Auslosungsrechts Anleiheablösungsschuld auf das Reich überträgt. Der Betrag erhöht sich um 50 vom Hundert bis höchstens auf 1200 Reichsmark, wenn der Gläubiger zur Zeit des Verzichts das 60 Lebensjahr vollendet hat.

§ 21.

(1) Die Vorzugsrente erlischt
1. wenn der Gläubiger die deutsche Reichsangehörigkeit verliert,
2. wenn der Gläubiger nicht mehr im Inland wohnt oder
3. wenn bei einer Prüfung festgestellt wird, daß der Gläubiger nicht mehr bedürftig ist.

Die Bedürftigkeit ist zum ersten Male 5 Jahre nach dem Beginne der Vorzugsrente und sodann nach je 3 Jahren zu prüfen. Eine Prüfung der Bedürftigkeit findet nicht statt, wenn der Gläubiger bei Zuerkennung der Vorzugsrente das 60. Lebensjahr vollendet hat oder es während des Bezugs der Vorzugsrente vollendet.

(2) Treten die Voraussetzungen für die Gewährung der Vorzugsrente (§ 18) von neuem ein, so kann die Vorzugsrente unbeschadet der Vorschrift des § 18 Abs. 1 Satz 2 wieder entstehen.

(3) Der Reichsminister der Finanzen wird ermächtigt, in besonders begründeten Fällen die Vorzugsrente fortzugewähren, auch wenn die Voraussetzungen für ihr Erlöschen eingetreten sind.

§ 22.

Die Vorzugsrente ist, sofern ihr Jahresbetrag 100 Reichsmark übersteigt, in zwei gleichen Teilbeträgen halbjährlich, im übrigen einmal jährlich im voraus zu zahlen. Für die ersten Rentenzahlungen kann der Reichsminister der Finanzen etwas anderes bestimmen.

§ 23.

Solange eine Vorzugsrente gewährt wird, nimmt das Auslosungsrecht, auf Grund dessen sie gewährt wird, an der Ziehung nicht teil. Der ausgestellte Auslosungsschein ist bei der Reichsschuldenverwaltung für diese Zeit zu hinterlegen. Ist das Auslosungsrecht im Reichsschuldbuch eingetragen, so ist es für diese Zeit von Amts wegen zu sperren.

§ 24.

Wer ein Auslosungsrecht hat, auf Grund dessen ihm eine Vorzugsrente im Falle seiner Bedürftigkeit zu gewähren ist (§ 18), kann auf die Teilnahme an der Auslosung verzichten, um sich das Recht auf eine Vorzugsrente zu wahren. Der Verzicht ist der Reichsschuldenverwaltung zu erklären; er ist widerruflich. Der Verzicht ist auf dem ausgestellten Auslosungsschein ersichtlich zu machen; ist das Auslosungsrecht im Schuldbuch eingetragen, so ist er in diesem zu vermerken.

§ 25.

(1) Ueber die Vorzugsrente ist eine auf den Namen des Gläubigers lautende Urkunde auszustellen. Die Urkunde ist nach dem Erlöschen der Vorzugsrente zurückzugeben.

(2) Die Vorzugsrente ist unveräußerlich und nicht vererblich. Sie unterliegt der Pfändung nicht.

§ 26.

Bei der Festsetzung einer Unterstützung öffentlich-rechtlicher Art für den Gläubiger bleibt die Vorzugsrente als Einkommen außer Ansatz, soweit sie den Betrag von 270 Reichsmark für das Jahr nicht übersteigt. Hat der Gläubiger neben der Vorzugsrente Einnahmen aus Ansprüchen, die der Aufwertung nach dem Aufwertungsgesetze vom 16. Juli 1925 unterliegen, so bleiben diese Einnahmen und die Vorzugsrente bis zum Gesamtbetrage von 270 Reichsmark für das Jahr außer Ansatz.

§ 27.

(1) Anstalten und Einrichtungen der freien und kirchlichen (Artikel 137 der Reichsverfassung) Wohlfahrtspflege, die Aufgaben der öffentlichen Wohlfahrtspflege erfüllen, sowie Anstalten und Einrichtungen zur Förderung wissenschaftlicher Ausbildung und Forschung ist, sofern ihnen Auslosungsrechte zustehen, die sie als Anleihealtbesitzer erlangt haben, auf Antrag 15 Jahre hindurch eine Wohlfahrtsrente zu gewähren. § 23 findet entsprechende Anwendung. Die Mittel für die Wohlfahrtsrente sind nach näherer gesetzlicher Bestimmung den Einnahmen aus Zöllen auf landwirtschaftliche Erzeugnisse zu entnehmen. Sie dürfen den jährlichen Betrag von 10 Millionen Reichsmark nicht übersteigen. Drei Viertel der zur Ausgabe gelangenden Mittel sind den Anstalten und Einrichtungen der Wohlfahrtspflege zuzuwenden.

(2) Die Reichsregierung erläßt mit Zustimmung des Reichsrats die näheren Vorschriften über die Wohlfahrtsrente, insbesondere über die Höhe und den Kreis der Gläubiger.

## Dritter Abschnitt

## Der Anleihesonderfonds

§ 28.

Zur Verstärkung der Tilgung der Anleiheablösungsschuld ist ein besonderer Fonds (Anleihesonderfonds) zu bilden.

Dem Anleihesonderfonds sind zuzuführen:

1. die Hälfte der Dividenden, die dem Reiche als Eigentümer von Stammaktien der Deutschen Reichsbahn-Gesellschaft während der Dauer ihrer Reparationsverpflichtungen zufließen. Von den Dividenden sind die Teilbeträge abzuziehen, die das Reich nach besonderer Vereinbarung an die Länder abführt; hinzuzurechnen sind die Beträge, die die Länder von den ihnen zufließenden Dividenden der Deutschen Reichsbahn-Gesellschaft dem Reiche nach besonderer Vereinbarung erstatten,
2. die Summe, um welche die jährlichen Zahlungen für den Tilgungsfonds (§ 15) hinter den Beträgen zurückbleiben, die dem Fonds bei einem Gesamtbetrage der Auslosungsrechte von 500 Millionen Reichsmark zuzuführen wären.

§ 29.

Der Anleihesonderfonds ist zu verwenden:

zunächst für die Einlösung der Auslosungsrechte, die die öffentlichen oder unter Staatsaufsicht stehenden Sparkassen, die Träger der Reichsversicherung, die reichs- oder landesrechtlich zugelassenen Ersatzkassen, die Zuschuß-, Pensions- und Werkkassen sowie die Pensions- und Unterstützungskassen von Berufsverbänden als Anleihealtbesitzer erlangt haben, soweit diese Auslosungsrechte nicht auf Grund des § 47 Abs. 4 eingelöst werden;

sodann für eine außerordentliche Tilgung der Anleiheablösungsschuld durch Ziehung von Auslosungsrechten nach Maßgabe der Vorschriften des § 13 Abs. 2 und des § 14.

# Zweiter Teil

# Die Ablösung der Markanleihen der Länder, Gemeinden und Gemeindeverbände

## Erster Abschnitt

### Die Ablösung der Markanleihen der Länder

§ 30.

(1) Die Gläubiger der auf Mark oder auf eine andere nicht mehr geltende Währung lautenden Anleihen (Markanleihen) der Länder können deren Umtausch in Ablösungsanleihen verlangen. Ein Anspruch auf den Umtausch besteht nur, soweit der zu gewährende Betrag der Ablösungsanleihen 12,50 Reichsmark oder ein Vielfaches davon ausmacht.

(2) Ansprüche aus Markanleihen der Länder bestehen unbeschadet einer weitergehenden landesgesetzlichen Regelung nur nach Maßgabe dieses Gesetzes.

(3) Anleihen im Sinne des Abs. 1 sind die Schuldverpflichtungen aus Schuldverschreibungen, Buchschulden und verzinslichen Schatzanweisungen sowie aus Darlehen, über die Schuldscheine ausgestellt sind.

§ 31.

(1) Bei dem Umtausch sind Ablösungsanleihen im Nennbetrage von 2½ vom Hundert des Goldwertes, den die umzutauschenden Markanleihen zur Zeit ihrer Begründung hatten, zu gewähren, und zwar ohne Rücksicht darauf, ob die Markanleihen durch dingliche Rechte gesichert sind.

(2) Der Goldwert der bis zum 1. Januar 1919 begründeten Markanleihen ist ihrem Nennbetrag oder dem Markbetrage gleich, der ihrem Nennwert nach § 15 des Münzgesetzes vom 1. Juni 1909 entspricht. Der Goldwert einer später begründeten Schuldverpflichtung ist gleich dem Goldwert des Geldbetrags, der dem Schuldner aus der Begründung der Schuldverpflichtung zugeflossen ist. Der Goldwert dieses Betrags wird dadurch festgestellt, daß der zugeflossene Betrag nach Maßgabe des Wertverhältnisses umgerechnet wird, das in der Anlage zu dem Aufwertungsgesetze vom 16. Juli 1925 für den Tag des Eingangs des Betrags bestimmt ist; ist ein Umrechnungsverhältnis für diesen Tag nicht bestimmt, so ist das letzte vorhergehende Umrechnungsverhältnis maßgebend.

§ 32.

(1) Hat sich ein Gläubiger getilgter Markanleihen bei der Annahme des Tilgungsbetrags seine Rechte vorbehalten, so kann er die Gewährung von Ablösungsanleihen verlangen, wie wenn ihm die getilgten Markanleihen noch zuständen.

(2) Ein Gläubiger von Markanleihen, die gekündigt oder ausgelost sind, aber sich noch in seinem mittelbaren oder unmittelbaren Besitze befinden, hat einen Anspruch auf ihren Umtausch auch dann, wenn bereits eine Abrechnung mit dem Schuldner oder eine Hinterlegung zugunsten des Gläubigers stattgefunden hat.

(3) Markanleihen, die bei Banken zur Einlösung eingereicht sind und sich noch in deren Besitz befinden, sind zugunsten des einreichenden Gläubigers auch dann umzutauschen, wenn bereits eine Abrechnung mit dem Gläubiger oder mit dem Schuldner oder eine Hinterlegung zugunsten des Gläubigers stattgefunden hat. Der Bank steht ein Recht auf den Umtausch nicht zu. Ablieferungen aus dem Besitze der Bank, die seit dem 1. Juni 1925 erfolgt sind, gelten als nicht geschehen. Entsprechendes gilt für Bankiers und andere Unternehmungen, die die Aufbewahrung und Verwaltung fremder Wertpapiere gewerbe- oder geschäftsmäßig betreiben.

(4) Gezahlte Beträge sind in den Fällen der Abs. 1 bis 3 in Höhe ihres Goldmarkbetrags, soweit dieser durch 12½ teilbar ist, auf den Betrag der zu gewährenden Ablösungsanleihen zu verrechnen; im übrigen sind sie in dieser Höhe bar zu erstatten. Der Goldmarkbetrag wird dadurch festgestellt, daß der gezahlte Betrag nach Maßgabe

des Wertverhältnisses umgerechnet wird, das in der Anlage zu dem Aufwertungsgesetze vom 16. Juli 1925 für den Tag der Zahlung gilt; ist ein Umrechnungsverhältnis für diesen Tag nicht bestimmt, so ist das letzte vorhergehende Umrechnungsverhältnis maßgebend.

§ 33.

Die Ablösungsanleihen der Länder lauten auf Reichsmark; sie können von den Gläubigern nicht gekündigt werden.

§ 34.

(1) Der Teil der Ablösungsanleihen, der im Umtausch gegen Markanleihen alten Besitzes (§ 35) ausgegeben wird, ist in 30 gleichen Jahresraten von dem Kalenderjahr an, das auf das Inkrafttreten dieses Gesetzes folgt, mittels Auslosung zu tilgen. Die ausgelosten Teilbeträge sind durch Barzahlung des Fünffachen ihres Nennwerts einzulösen. Der Einlösungsbetrag ist mit 4½ vom Hundert jährlich vom 1. Januar 1926 an bis zum Ende des Jahres, in dem die Teilbeträge ausgelost werden, zu verzinsen; die Zinsen sind bei der Einlösung zu zahlen.

(2) Die Landesregierungen erlassen Bestimmungen über die Art und den Zeitpunkt der Tilgung des Teiles der Ablösungsanleihen, der nicht im Umtausch gegen Markanleihen alten Besitzes ausgegeben wird. Sofern die Tilgung mittels Auslosung vorgenommen wird, muß die Einlösung mindestens zum Nennbetrag erfolgen.

§ 35.

Markanleihen alten Besitzes sind solche Markanleihen, die der Gläubiger nachweislich vor dem 1. Juli 1920 erworben hat und die ihm von dem Erwerbe bis zum Umtausch ununterbrochen zugestanden haben. Die Vorschriften der §§ 10 und 11 sowie die auf Grund des § 10 Abs. 2 erlassenen Bestimmungen finden auf die Markanleihen der Länder entsprechende Anwendung.

§ 36.

Ein Umtausch der unverzinslichen Schatzanweisungen der Länder kann nicht verlangt werden. Ansprüche können aus ihnen nicht hergeleitet werden.

§ 37.

(1) Ein bedürftiger, im Inland wohnender deutscher Reichsangehöriger hat ein Recht auf eine Vorzugsrente, wenn ihm ein Teilbetrag der Ablösungsanleihe eines Landes gehört, den er

a) im Umtausch gegen Markanleihen alten Besitzes erlangt hat oder
b) als Rechtsnachfolger seines verstorbenen Ehegatten oder eines verstorbenen Verwandten ersten Grades, der den Teilbetrag der Ablösungsanleihe im Umtausch gegen Markanleihen alten Besitzes erworben hat.

Hat er den Teilbetrag der Ablösungsanleihe von seinem Vater oder von seiner Mutter erlangt, so kann er die Vorzugsrente nur verlangen, solange er nicht volljährig ist, es sei denn, daß er wegen geistiger oder körperlicher Gebrechen dauernd erwerbsunfähig ist.

(2) Die Vorschriften des § 18 Abs. 3, der §§ 19, 20, des § 21 Abs. 1 und 2, des § 23 Satz 1 und des § 25 Abs. 2 und des § 26 finden auf die Vorzugsrente entsprechende Anwendung.

§ 38.

Ein Gläubiger hat einen Anspruch auf mehrere Vorzugsrenten des Reichs oder der Länder nur, soweit ihr Gesamtbetrag die im § 20 bezeichneten Höchstsätze nicht übersteigt. Eine hiernach erforderliche Beschränkung tritt bei der Vorzugsrente ein, deren Gewährung der Gläubiger zuletzt beantragt hat.

§ 39.

Die Vorschriften des §§ 30 bis 38 finden keine Anwendung

1. auf solche Schuldverpflichtungen der Länder, die das Reich übernommen hat oder übernimmt,

2. auf solche Schuldverpflichtungen der Länder, die in Mark zu erfüllen sind, deren Höhe aber nach einer anderen Rechnungseinheit als der Mark bestimmt wird,
3. auf solche Schuldverpflichtungen der Länder, die sie als Inhaber staatlicher Grundkreditanstalten oder als Inhaber solcher öffentlich-rechtlichen Kreditanstalten begründet haben, deren Schuldverschreibungen nach § 51 Abs. 3 des Aufwertungsgesetzes vom 16. Juli 1925 auf der Grundlage der §§ 47 bis 50 dieses Gesetzes aufgewertet werden.

## Zweiter Abschnitt

### Die Ablösung der Markanleihen der Gemeinden und Gemeindeverbände

§ 40.

(1) Die Gläubiger der Markanleihen (§ 30) der Gemeinden und Gemeindeverbände können deren Umtausch in Ablösungsanleihen verlangen. Ein Anspruch auf den Umtausch besteht nur, soweit der zu gewährende Betrag der Ablösungsanleihe 12,50 Reichsmark oder ein Vielfaches davon ausmacht.

(2) Ansprüche aus Markanleihen der Gemeinden und Gemeindeverbände bestehen unbeschadet einer weitergehenden landesgesetzlichen Regelung nur nach Maßgabe dieses Gesetzes.

(3) Die Vorschriften des § 30 Abs. 3 und des § 32 finden entsprechende Anwendung.

(4) Die oberste Landesbehörde oder die von ihr bestimmte Stelle kann einen Treuhänder zur Wahrnehmung der Rechte der Anleihegläubiger einer Gemeinde oder eines Gemeindeverbandes (§§ 41, 42, 43) bestellen. Ein Treuhänder ist zu bestellen, wenn ein Gläubiger dies innerhalb eines Monats nach dem Inkrafttreten dieses Gesetzes bei der obersten Landesbehörde oder bei der von ihr bestimmten Stelle beantragt.

§ 41.

(1) Auf den Umtausch der Markanleihen der Gemeinden und Gemeindeverbände finden die Vorschriften des § 31, auf ihre Ablösungsanleihen finden die Vorschriften des § 33 entsprechende Anwendung.

(2) Auf Antrag des Treuhänders (§ 40 Ab . 4) entscheidet die oberste Landesbehörde oder die von ihr bestimmte Stelle ob die Festsetzung des Goldwerts einer nach dem 1. Januar 1919 begründeten Markanleihe den gesetzlichen Vorschriften entspricht. Die Entscheidung ist endgültig.

§ 42.

(1) Der Teil der Ablösungsanleihen, der im Umtausch gegen Markanleihen alten Besitzes (§ 35) ausgegeben wird, ist in höchstens 30 gleichen Jahresraten von dem Jahre an, das auf das Inkrafttreten dieses Gesetzes folgt, mittels Auslosung zu tilgen.

(2) Der Treuhänder (§ 40 Abs. 4) kann bei der obersten Landesbehörde oder bei der von ihr bestimmten Stelle beantragen, daß die Dauer der Tilgung bis auf 20 Jahre herabgesetzt wird, wenn dies der Leistungsfähigkeit des Schuldners entspricht.

(3) Der Schuldner kann bei der obersten Landesbehörde oder bei der von ihr bestimmten Stelle beantragen, daß die Dauer der Tilgung auf einen Zeitraum von mehr als 30 Jahren festgesetzt wird, wenn eine solche Regelung mit Rücksicht auf die wirtschaftliche Lage des Schuldners und die Erfüllung seiner öffentlichen Aufgaben unabweisbar ist und seine Leistungsfähigkeit durch die Vorschriften des Vertrags von Versailles in besonders starkem Maße beeinträchtigt ist.

§ 43.

(1) Die ausgelosten Teilbeträge der Ablösungsanleihen, welche gemäß der Vorschrift des § 42 zu tilgen sind, sind durch Barzahlung des Fünffachen ihres Nenn-

werts einzulösen. Der Einlösungsbetrag ist mit 5 vom Hundert jährlich vom 1. Januar 1926 an bis zum Ende des Jahres, in dem die Teilbeträge ausgelost werden, zu verzinsen; die Zinsen sind bei der Einlösung zu zahlen.

(2) Der Einlösungsbetrag ist auf Antrag bis auf das Zehnfache des Nennwertes zu erhöhen, sofern dies dem Anleiheschuldner nach seiner finanziellen Leistungsfähigkeit und unter Berücksichtigung seiner öffentlichen Aufgaben zugemutet werden kann. Dies gilt nicht, soweit die Markanleihen auf Grund des § 59 Abs. 3 des Landessteuergesetzes vom 30. März 1920 (Reichsgesetzbl. S. 402) § 68 Abs. 3 des Finanzausgleichgesetzes vom 23 Juni 1923 (Reichsgesetzbl. S. 494) für Rechnung des Reichs aufgenommen sind.

(3) Antragsberechtigt sind der Anleiheschuldner und der Treuhänder (§ 40 Abs. 4). Der Antrag kann nur innerhalb von 4 Monaten nach dem Inkrafttreten dieses Gesetzes gestellt werden. Der Antrag ist bei der obersten Landesbehörde oder bei der von ihr bestimmten Stelle einzureichen.

(4) Die obersten Landesbehörden bezeichnen die Stellen, die für die Entscheidung über den Antrag zuständig sind. Gegen die Entscheidung steht den Antragsberechtigten innerhalb eines Monats nach der Zustellung die Beschwerde an eine kollegiale Behörde zu, die die obersten Landesbehörden bestimmen. Die Entscheidung der kollegialen Behörde ist endgültig. Die Landesregierungen erlassen die näheren Vorschriften über das Verfahren.

§ 44.

Die Landesregierungen erlassen Bestimmungen über die Art und den Zeitpunkt der Tilgung des Teiles der Ablösungsanleihen, der nicht im Umtausch gegen Markanleihen alten Besitzes ausgegeben wird; sofern die Tilgung mittels Auslosung vorgenommen wird, muß die Einlösung mindestens zum Nennbetrag erfolgen.

§ 45.

Die Vorschriften der §§ 40 bis 44 finden keine Anwendung auf

1. solche Schuldverpflichtungen der Gemeinden und Gemeindeverbände, die in Mark zu erfüllen sind, deren Höhe aber nach einer anderen Rechnungseinheit als der Mark bestimmt wird,
2. auf solchen Schuldverpflichtungen, die Gemeinden und Gemeindeverbände als Inhaber kommunaler Grundkreditanstalten oder als Inhaber solcher öffentlich-rechtlichen Kreditanstalten begründet haben, deren Schuldverschreibungen nach § 51 Abs. 3 des Aufwertungsgesetzes vom 16. Juli 1925 auf der Grundlage der §§ 47 bis 50 dieses Gesetzes aufgewertet werden.

§ 46.

Die Reichsregierung kann mit Zustimmung des Reichsrats die Vorschriften dieses Gesetzes über die Markanleihen der Gemeinden und Gemeindeverbände auf Markanleihen anderer öffentlich-rechtlicher Körperschaften für anwendbar erklären.

## Dritter Teil

# Schluß- und Strafvorschriften

§ 47.

(1) Der Reichsminister der Finanzen wird ermächtigt, einmalig einen Betrag von hundertfünfzig Millionen Reichsmark zu verausgaben.

(2) Aus diesen Mitteln ist bedürftigen (§ 19), im Inland wohnenden deutschen Reichsangehörigen, die Altbesitzanleihen (§§ 9 bis 11) im Gesamtnennbetrage von weniger als 1000 Mark haben, auf Antrag unter Fortfall eines ihnen etwa nach § 5 zustehenden Anspruchs auf Anleiheablösungsschuld eine Barabfindung von 15 Reichsmark für je 100 Mark des Nennbetrags zu gewähren. Die Vorschrift des § 12 Abs. 3 findet entsprechende Anwendung.

(3) Von dem hiernach verbleibenden Betrag ist im Inland wohnenden deutschen Reichsangehörigen, die Altbesitzanleihen (§§ 9 bis 11) im Gesamtnennbetrage von weniger als 1000 Mark haben, auf Antrag eine Barabfindung von 8 Reichsmark für je 100 Mark des Nennbetrags zu gewähren, sofern ihr Jahreseinkommen den Betrag von 1500 Reichsmark nicht übersteigt. Die Vorschriften des § 19 Abs. 1 Satz 2 und des § 12 Abs. 3 finden entsprechende Anwendung.

(4) Der Restbetrag ist für die Einlösung der Auslosungsrechte, die die öffentlichen oder unter Staatsaufsicht stehenden Sparkassen, die Träger der Reichsversicherung, die reichs- oder landesrechtlich zugelassenen Ersatzkassen sowie die Pensions- und Unterstützungskassen von Berufsverbänden als Anleihealtbesitzer erlangt haben, zu verwenden.

§ 48.

Die Reichsregierung erläßt unbeschadet der §§ 49 und 50 mit Zustimmung des Reichsrats die für die Durchführung dieses Gesetzes erforderlichen Rechtsverordnungen und allgemeinen Verwaltungsvorschriften. Durch diese Bestimmungen können insbesondere

1. Stellen mit der Durchführung dieses Gesetzes, besonders mit dem Umtausch der Markanleihen des Reichs und mit der Entscheidung über die Gewährung von Auslosungsrechten und Vorzugsrenten beauftragt werden;
2. die mit der Durchführung dieses Gesetzes beauftragten Stellen für zuständig erklärt werden, Versicherungen an Eides Statt entgegenzunehmen und die Amtsgerichte um eidliche Vernehmungen zu ersuchen;
3. die mit der Durchführung dieses Gesetzes beauftragten Stellen zur Einsichtnahme in die Geschäftsbücher und Geschäftspapiere von Personen, die die Aufbewahrung von Wertpapieren oder ihren Ankauf und Verkauf für fremde Rechnung gewerbsmäßig betreiben, ermächtigt werden;
4. den in Ziffer 3 bezeichneten Personen Verpflichtungen auferlegt werden, Behörden und Privatpersonen Auskünfte und Bescheinigungen zu erteilen, die für die Durchführung dieses Gesetzes, insbesondere für die Geltendmachung oder Prüfung von Ansprüchen, die auf Grund der Vorschriften dieses Gesetzes erhoben werden, erheblich sind;
5. Vorschriften über die Geltendmachung der durch dieses Gesetz begründeten Ansprüche getroffen werden;
6. Verstöße gegen die Durchführungsvorschriften mit Geldstrafe bis zu 10 000 Reichsmark und mit Gefängnis bis zu drei Monaten oder mit einer dieser Strafen bedroht werden.

§ 49.

Der Reichsminister der Finanzen wird ermächtigt,

1. in besonderen Fällen aus Gründen der Billigkeit auch dann den Umtausch von Markanleihen des Reichs vorzunehmen oder Auslosungsrechte zu gewähren, wenn die in den §§ 6 und 12 vorgesehenen Fristen nicht eingehalten werden;
2. zu bestimmen, daß die Schuldbuchforderungen von Markanleihen des Reichs von Amts wegen in Schuldbuchforderungen der Anleiheablösungsschuld umgetauscht werden; wird dieses bestimmt, so gilt der erste Tag der im § 6 bezeichneten Frist für die Schuldbuchforderungen als Zeitpunkt der Anmeldung;
3. zu bestimmen, daß den Anleihealtbesitzern von Schuldbuchforderungen die Auslosungsrechte von Amts wegen zu gewähren sind;
4. Grundsätze für die Führung des Nachweises aufzustellen, daß Schuldverschreibungen, Schatzanweisungen oder Schuldbuchforderungen von Markanleihen des Reichs Altbesitzanleihen sind. Der Beweis durch Urkunden darf nicht beschränkt werden.

Die Reichsschuldenverwaltung wird ermächtigt, Schuldverschreibungen der Anleiheablösungsschuld und Auslosungsscheine den mit der Ausreichung beauftragten Stellen in Höhe des voraussichtlichen Bedarfs im voraus zur Verfügung zu stellen.

§ 50.

([1]) Soweit Reichsangehörige in einem fremden Staate hinsichtlich der Ablösung öffentlicher Anleihen ungünstiger behandelt werden als seine Staatsangehörigen, wird die Reichsregierung ermächtigt, eine entsprechende unterschiedliche Behandlung der Angehörigen dieses Staates durch Verordnung zu bestimmen.

([2]) Sofern nach der Gesetzgebung eines fremden Staates dieser Staat oder seine öffentlich-rechtlichen Körperschaften nicht verpflichtet sind, Reichsangehörigen eine höhere Ablösung ihrer Anleihen zu gewähren als die, welche ihnen im Deutschen Reiche unter den gleichen Bedingungen auf Grund der deutschen Bestimmungen zufallen würde, wird die Reichsregierung ermächtigt, einem solchen Staate gegenüber durch Verordnung eine entsprechende Regelung zu treffen.

([3]) Die Reichsregierung wird ermächtigt, die Ablösung der Markanleihen des Reichs, der Länder, der Gemeinden und Gemeindeverbände zugunsten der Angehörigen solcher Staaten auszuschließen, nach deren Recht Markanleihen öffentlich-rechtlicher Körperschaften einer Aufwertung oder Ablösung nicht unterliegen.

§ 51.

Die Länder werden ermächtigt, die näheren Bestimmungen über die Ablösung der Markanleihen der Länder, Gemeinden und Gemeindeverbände zu treffen. Sie können insbesondere Vorschriften über die Geltendmachung der durch den Zweiten Teil dieses Gesetzes begründeten Ansprüche erlassen und die Bestimmung von Ausschlußfristen für die Erhebung dieser Ansprüche gestatten. Die Vorschrift des § 49 Ziffer 4 Satz 2 gilt entsprechend.

§ 52.

([1]) Auf das Aufgebotsverfahren zum Zwecke der Kraftloserklärung von umzutauschenden Schuldurkunden der Markanleihen finden die Vorschriften der §§ 1010 bis 1014 der Zivilprozeßordnung keine Anwendung. Der Aufgebotstermin soll, unbeschadet der Vorschrift des § 1015 der Zivilprozeßordnung, nicht über das Ende der in den §§ 6 und 51 vorgesehenen Fristen hinaus anberaumt werden.

([2]) Wer vor dem Ablauf der im § 6 vorgesehenen Frist das Aufgebotsverfahren zum Zwecke der Kraftloserklärung von umzutauschenden Schuldurkunden der Markanleihen des Reichs beantragt, das Ausschlußurteil aber erst einen Monat vor diesem Zeitpunkt oder später erwirkt, kann die Zuteilung der Anleiheablösungsschuld auf die für kraftlos erklärten Schuldurkunden sowie die Gewährung eines auf diese gegründeten Auslosungsrechts innerhalb von drei Monaten nach Rechtskraft des Ausschlußurteils verlangen.

§ 53.

Das Gesetz, betreffend die Beseitigung kleiner im Reichsschuldbuch eingetragener Forderungen, vom 19. Mai 1923 (Reichsgesetzbl. I S. 296) wird aufgehoben. Soweit auf Grund dieses Gesetzes Schuldbuchforderungen gelöscht worden sind, ohne daß dafür eine Ausreichung von Schuldverschreibungen stattgefunden hat, gelten die Löschungen als nicht erfolgt.

§ 54.

Die §§ 51 bis 54 des Aufwertungsgesetzes vom 16. Juli 1925 finden auf die Markanleihen, die auf Grund dieses Gesetzes in Ablösungsanleihen umzutauschen sind, keine Anwendung.

§ 55.

Wer den Durchführungsbestimmungen des im § 48 Ziffer 4 bezeichneten Inhalts zuwiderhandelt, obwohl ihm die Erteilung der erforderten Auskunft oder Bescheinigung auf Grund seiner Geschäftsbücher oder Geschäftspapiere möglich ist und zugemutet werden kann, oder wer sich der Einsicht in seine Geschäftsbücher oder Geschäftspapiere durch eine auf Grund des § 48 Ziffer 3 ermächtigte Stelle widersetzt, kann mit einer Ordnungsstrafe bis zu 10 000 Reichsmark bestraft werden. Die Vorschriften des

Reichsstrafgesetzbuchs bleiben unberührt. Zuständig für die Festsetzung der Ordnungsstrafe ist der Reichsminister der Finanzen oder die von ihm bestimmte Stelle. Innerhalb von zwei Wochen nach Zustellung der Straffestsetzung kann der Antrag auf Entscheidung des Reichswirtschaftsgerichts gestellt werden.

§ 56.

Wer zur Begründung eines Antrags auf Gewährung eines Auslosungsrechts, einer Vorzugsrente oder einer Wohlfahrtsrente leichtfertig oder wider besseres Wissen unrichtige Angaben macht, kann mit einer Ordnungsstrafe bis zu 10 000 Reichsmark bestraft werden. Die Vorschriften des § 55 Satz 2 bis 4 finden entsprechende Anwendung.

§ 57.

Wer bis zum Ablauf der im § 6 bestimmten Frist den Ankauf oder den Verkauf von bestimmten, nach Nummern gekennzeichneten Stücken der Schuldverschreibungen oder Schatzanweisungen der Markanleihen des Reichs öffentlich anbietet oder nach solchen Stücken öffentlich Nachfrage hält oder die Verbreitung von Angeboten oder Nachfragen dieser Art fördert, wird, sofern nach den allgemeinen Strafgesetzen keine höhere Strafe angedroht ist, mit Geldstrafe bis zu 10 000 Reichsmark und mit Gefängnis bis zu drei Monaten oder mit einer dieser Strafen bestraft.

§ 58.

Dieses Gesetz tritt gleichzeitig mit dem Aufwertungsgesetze vom 16. Juli 1925 in Kraft.

Berlin, den 16. Juli 1925.

Der Reichspräsident
von Hindenburg.

Der Reichsminister der Finanzen
v. Schlieben.

FSC
www.fsc.org
MIX
Papier | Fördert
gute Waldnutzung
FSC® C083411

Kolibri 360 GmbH
Ferdinand-Jühlke-Straße 7
99095 Erfurt, Deutschland
produktsicherheit@kolibri360.de